大家小书

天道与人文

竺可桢 著
施爱东 编

北京出版集团公司
北京出版社

图书在版编目（CIP）数据

天道与人文 / 竺可桢著；施爱东编．— 北京：北京出版社，2016. 7
（大家小书）
ISBN 978-7-200-12097-4

Ⅰ．①天…　Ⅱ．①竺…　②施…　Ⅲ．①气象学—普及读物　Ⅳ．①P4-49

中国版本图书馆CIP数据核字（2016）第077161号

总策划：安　东　高立志　　责任编辑：马祝恺　邓雪梅

·大家小书·
天道与人文
TIANDAO YU RENWEN
竺可桢　著　施爱东　编
*
北京出版集团公司
北京出版社　出版
（北京北三环中路6号　邮政编码：100120）
网　址：www.bph.com.cn
北京出版集团公司总发行
新华书店经销
北京华联印刷有限公司印刷
*
880毫米×1230毫米　32开本　7.75印张　123千字
2016年7月第1版　2023年11月第7次印刷
ISBN 978-7-200-12097-4
定价：36.00元
质量监督电话：010-58572393

序　　言

袁行霈

“大家小书”，是一个很俏皮的名称。此所谓“大家”，包括两方面的含义：一、书的作者是大家；二、书是写给大家看的，是大家的读物。所谓“小书”者，只是就其篇幅而言，篇幅显得小一些罢了。若论学术性则不但不轻，有些倒是相当重。其实，篇幅大小也是相对的，一部书十万字，在今天的印刷条件下，似乎算小书，若在老子、孔子的时代，又何尝就小呢？

编辑这套丛书，有一个用意就是节省读者的时间，让读者在较短的时间内获得较多的知识。在信息爆炸的时代，人们要学的东西太多了。补习，遂成为经常的需要。如果不善于补习，东抓一把，西抓一把，今天补这，明天补那，效果未必很好。如果把读书当成吃补药，还会失去读书时应有的那份从容和快乐。这套丛书每本的篇幅都小，读者即使细细地阅读慢慢地体味，也花不了多少时间，可以充分享受读书的乐趣。如果把它们当成补药来吃也行，剂量小，吃起来方便，消化起来也容易。

我们还有一个用意，就是想做一点文化积累的工作。把那些经过时间考验的、读者认同的著作，搜集到一起印刷出版，使之不至于泯没。有些书曾经畅销一时，但现在已经不容易得到；有些书当时或许没有引起很多人注意，但时间证明它们价值不菲。这两类书都需要挖掘出来，让它们重现光芒。科技类的图书偏重实用，一过时就不会有太多读者了，除了研究科技史的人还要用到之外。人文科学则不然，有许多书是常读常新的。然而，这套丛书也不都是旧书的重版，我们也想请一些著名的学者新写一些学术性和普及性兼备的小书，以满足读者日益增长的需求。

“大家小书”的开本不大，读者可以揣进衣兜里，随时随地掏出来读上几页。在路边等人的时候，在排队买戏票的时候，在车上、在公园里，都可以读。这样的读者多了，会为社会增添一些文化的色彩和学习的气氛，岂不是一件好事吗？

“大家小书”出版在即，出版社同志命我撰序说明原委。既然这套丛书标示书之小，序言当然也应以短小为宜。该说的都说了，就此搁笔吧。

认识竺可桢

施爱东

（一）大科学家竺可桢

竺可桢（1890—1974），字藕舫，20世纪中国最伟大的科学家之一，中国近代地理学和气象学的奠基人，一位卓越的大学教育家。

竺可桢1890年3月7日生于浙江省上虞县东关镇（原属绍兴县）。1909年进唐山路矿学堂（唐山铁道学院前身），学习土木工程。1910年，公费赴美留学，求学于伊利诺大学农学院，1913年夏季毕业，随后转入哈佛大学研究院地学系，主修气象学。

从1916年开始，竺可桢参加了我国第一个以提倡科学、传播知识为宗旨的科学团体——中国科学社的活动，成为该社骨干成员之一。这一时期，他在美国的气象、地理刊物上和中国科学社的《科学》月刊上发表了一系列关于中国雨量和台风的学术论文。中国科学社迁回国内以后，竺可桢更积极在《科学》上发表文章，为我国近代科学的建立和传播立下了不朽的功勋。

1918年秋，竺可桢获博士学位，旋即回国，执教于武昌高等师范学校（武汉大学前身），讲授地理学和气象学。1920年，转到南京高等师范学校（后改为东南大学，今南京大学前身），任地学系主任，教授地学通论、气象学、世界气候、地质学等。我国最早的一批气象学家和地理学家多属他在这一时期的学生。1925年，竺可桢到上海商务印书馆担任编辑。1926年，受聘于南开大学。

1927年，竺可桢应新成立的中央研究院聘请，在南京筹建气象研究所。1928年任该所所长。他亲自训练了大批气象观测人才，在全国布设了40多个观测台站，在此基础上展开了对地面和高空的观测，开始了我国近代科学意义上的天气预报业务，改变了我国气象预报对国外驻华机构的依赖局面。

1936年，竺可桢出任浙江大学校长。这一时期，他推行大学教育方针、改善教学环境、健全教育制度、整顿教风学风，确立了浙江大学的“求是”校训，把浙江大学由一个规模较小的地方性大学，办成了蜚声中外的著名学府。抗战爆发以后，他带领全校师生在两年之内，经过四次大的迁移，跋涉五千里，在极端简陋的条件下坚持教学和科研活动，终于在1939年底到达并定居于贵州遵义和湄潭。返杭之前艰苦创业的浙江大学，在几门基础科学的教学和科研上都取得了不俗的成绩，曾被著名的英国学者称作东方的剑桥大学。

1949年7月，竺可桢到北京参加全国科学工作者代表大会筹备会议。10月，出任中国科学院副院长。同时，他还担任科协副主席、中国地理学会理事长、气象学会理事长等许多学术界领导职务。中国科学院在建院初期，竺可桢全面领导了自然科学各方面的工作。他亲自主持筹建了中国科学院地理研究所。这一时期科学院的地学工作，如综合考察、自然区划、地学规划、地图集的编纂等，基本是在他的领导或指导下开展的。当竺可桢最后一次在河西走廊进行野外考察时，已是76岁高龄。在这些综合考察中，竺可桢特别注意对自然的保护和利用，其正确性多为日后的实践所证明。

竺可桢是第一位在我国高等学校讲授近代地理学的教师；他所创办的东南大学地学系，是我国最早的地理系；他所编纂的《地学通论》讲义，是我国最早的近代地理学教科书；他创办了我国第一个自己的气象学研究机构，宣传推动各省建立了一批气象台站；他中兴了浙江大学；他积极倡导、组织和参加了中国地学、生物学、天文学、自然资源综合考察等许多方面的工作；他热心倡导科学普及，是一位出色的科普作家。

（二）文史大家竺可桢

竺可桢主要是作为一个杰出的自然科学家为我们所认识的。20年前，当我作为一个天气动力学专业的本科生初窥气象之门的时候，竺可桢这一名字，是如雷贯耳的一个象征符号，它象征了科学和权威。后来我弃理从文，日渐远离了数字和线条，也就远离了对竺可桢的更进一步的了解。因为编辑这本小书，让我还有机会重读大师的著述。换一种眼光进入这位大科学家的思维领域，突然发现，即使单以对中国上下五千年历史文献的理解和把握而论，竺可桢就称得上文史大家！

竺可桢不仅西学渊博，国学功底也极深厚，对各类文献由经、史、子、集以至诗词、笔记、方志、日记等公私著述，无不广征博采。他善于从我国浩如烟海的古代文献中发掘有用资料，借助现代科学理论进行分析、比较，创造性地提出自己的观点，构拟出一篇篇充满文史趣味的科学论文。借助竺可桢的科学烛照，我们可以换一种方式进入“今人不见古时月，今月曾经照古人。古人今人若流水，共看明月皆如此”的神妙境界。

他的晚年代表作《中国近五千年来气候变迁的初步研究》，以考古资料、物候记载、地方史志等文史资料为据，利用中国传统的考据法，得出中国5000年气候变迁的清晰走势，居然与西方科学家运用同位素方法测得同时代气温变化的结果是一致的，而且还得出了“在同一波澜起伏中，欧洲的波动往往落在中国之后”的意外结论，令人叹为观止。

许多文史工作者在选用素材时，都有“六经注我”或堆砌编排的特点，其最终分析可能失之偏颇。竺可桢选用材料十分讲究，对历史的分析基本上做到了唯材料是举。《中国近五千年来气候变迁的初步研究》一文，对气候变迁的分期，既不是根据温度变迁的周期，也不是根据历史朝代的不同，更不是根据纪年方式的变更，而纯粹是“根据手边材料的性质”。把气候时期分为“考古时期”、“物候时期”、“方志时期”、“仪器观测时期”，这种分期方式与气候变迁本身并无关系，表面上看来极不合自然逻辑，但在实际操作中却是最方便实用且能最接近客观真实的一种方式，典型地体现了他所反复提倡的“求是”精神。

素材选用的科学性还表现在对于技术指标的确认，比如他在上述“气候变迁”一文中写道：“气候因素的变迁极为复杂，必须选定一个因素作为指标。如雨量为气候的重要因素，但不适合于做度量气候变迁的指标……相反地，温度的变迁微小，虽1摄氏度之差，亦可精密量出，在冬、春季节即能影响农作物的生长。而且冬季温度因受北面西伯利亚高气压的控制，使我国东部沿海地区温度升降比较统一，所以本文以冬季温度的升降作为我国气候变动的唯一指标。”

竺可桢非常重视科学方法论，他曾著专文讨论演绎法和归纳法两者各自的局限性和相互补充的必要性。他善于排列计算数据和勾勒直观图表进行现象归纳，再对归纳结果进行演绎推理。他擅长于历史地理资料的比较研究，其主要方法有三：

（1）对比不同现象在空间上的分布特征，探讨其相互作用；

（2）根据不同现象在时间上的先后相随，追溯其因果关系；

（3）追踪自然界中物质或能量由一个客体到另一个客体、由这一位置到另一位置、由此一时刻到彼一时刻的演变转化过程，寻找其量变或质变的关系。

20世纪中国的许多大科学家都有很好的文史功底，能写一手漂亮的好文章，他们不仅在科学研究上取得了卓越的成就，许多人还热心于科学普及。竺可桢生前发表的300多篇文章中，就有相当数量的科普作品，深入浅出，妙趣横生，多数可作美文阅读。本书编选竺文的标准，偏于与传统文史知识的关联，如《中秋月》、《牵牛与织女》、《北斗九星》、《说云》等；而那些不以文史知识见长的纯科普性作品如《说飓风》、《气象浅说》等，则限于“小书”篇幅，未予收录。

读着竺可桢的这本“大家小书”，当我们惊叹于他的文史功力和奇妙观点的时候，还可把一部分注意力投向这位大科学家在文史方面的研究方法和思维特点，这也许是更值得我们这些人文科学工作者借鉴的地方。

集中所收文章，主要依据《竺可桢文集》（科学出版社1979年版），部分依据《竺可桢文录》、《竺可桢科普创作选集》、《物候学》、《看风云舒卷》等书，多数是竺可桢长篇大论中与文史知识相关的精彩节选。编者在不影响普通读者流畅阅读及正确理解的基础上，将原文中纯数理的内容以及大量图表作了删节（注：编者只作了删节，未作任何添加）。读者在阅读过程中如需更精确地了解作者论证的严密性，可查阅《文集》。

目 录

一　天道与人文

气候与文化[①]

世界最古的文化差不多统起源于干燥地带之大河流域，如尼罗河之有埃及，幼发拉底河之有巴比伦，渭河流域之有周、秦，是最好的例子。

文化产生地带为什么要在干燥半沙漠的地方呢？要解答这个问题，我们要设想一个文化之出现，绝非一朝一夕之事，必须经过相当时期。在文化酝酿时期，若有邻近的野蛮民族侵入，则一线光明即被熄灭。所以世界古代文化的摇篮统在和邻国隔绝的地方。尼罗河、幼发拉底河、印度河的四周，固然是

① 本文选自《气候与人生及其他生物之关系》，《广播教育》1936年创刊号。

沙漠；就是我国的渭河流域、西北两方也是半沙漠地带，且南面有秦岭、东面有函谷关，所谓四塞之国。在这样区域里，才能孕育一个灿烂的文化。

天时对于战争之影响[①]

昔楚汉之战，项王兵败垓下，刎头乌江，临没对乌江亭长及从骑之语，皆怨昊天不佑。太史公乃谓："羽自矜功伐，奋其私智，而不师古，谓霸王之业，欲以力征，经营天下，五年，卒亡其国，身死东城，尚不觉悟，而不自责，过矣。乃引天亡我非用兵之罪也，岂不谬哉！"云云。但按《史记·项羽本纪》及《汉书·高祖本纪》，均载睢水之役，楚兵围汉王三匝，大风从西北起，折木发屋，扬沙石，昼晦，楚军大乱，汉王得与数十骑遁去。则胜败之数，虽曰人事，而天时亦常足以左右之也。气候之足影响于战事之胜负，揆诸中外历史，不胜枚举。"东风不与周郎便，铜雀春深锁二乔"，固不特赤壁之役为然也。

在昔日科学未昌明时代，天时之重要，固已显著。如迷雾

① 本文原载于《科学》，1932年第16卷第12期。

四塞，足以使咫尺不辨兵马；坚冰在须，足以使指僵肤裂，而将士不用命；积雪没胫，则阻交通；雷电交作，则寒心胆。是在为主帅者，细审彼我两方形势之不同，然后随机应变而处之。所谓可见而进，知难而退，军之善政也。顺天时则胜，逆天时则亡，虽以拿破仑之盖世英才，然公元1812年，莫斯科之役，俄人坚壁清野，以待严冬之来，果焉11月初旬以后，天气骤变，风雪交加，法人弃甲曳兵而走，死亡枕藉于道，即幸而免者亦堕指落鼻，不复作人形。说者谓是役焉，拿破仑之败，非败于俄兵，而败于严寒之神，非过语也。冰霜之足以决两军之胜负，在我国亦不乏其例。明初李景隆之拒燕兵也，士卒植戟立雪中，苦不得休息，故永乐谓其违犯天时，自毙其众；唐李愬雪夜入蔡州，而擒吴元济；梁朱珍于大雪中趋滑州，一夕而至城下，遂取之。凡此皆所以利用天时，而袭其不备也。五代刘仁恭攻契丹，每岁秋霜落，则烧其野草，契丹马多饥死，求和听盟约甚谨。此则又与俄人之拒拿破仑同工而异曲矣。

我国古之纬候兵书，多重望气，其言虽穿凿附会，但亦不乏可取者。如《观象玩占》载“白雾四面围城，城不可攻”，又“两军相当有雾，即日有微风者客胜，雾而不雨者主人胜”。盖雾浓则不辨咫尺，不知虚实，故不利于攻。雾而有微风则雾将散，雾而不雨则其雾久也。古人赖雾以破敌，以全师者，在史册上亦指不胜屈。如《晋书·刘曜传》载："曜攻石勒于金镛……大风拔木，昏雾四塞，石勒率众来战，曜昏醉被执，为勒所杀。"又如《宋史·二王本纪》载"帝昺祥兴二年，张世杰军溃……会暮昏雾四塞，咫尺不辨，世杰乃与苏刘义断维以十余舟夺港而去"云云。1776年，美洲独立之战，华盛顿拒英将豪（Howe）于长岛。时华盛顿值新挫之余，为英国海陆军所围，危在旦夕，乃于8月29日晚深雾弥漫中遁去。亦有同时两方均思借雾以破敌者，如19世纪初叶，拿破仑封锁北欧，使与英国断绝交通。英人乃于1809年攫取波罗的海丹属之安和尔特岛（Anholt）。1811年3月，丹人乘浓雾于子夜以12炮舰，运兵千人登岛，以谋攻取。及拂晓雾散后，丹兵始觉中英人之计，盖英兵舰两艘，亦于昏黑中潜驶来岛，而丹兵已处于海陆夹攻、进退维谷之地位矣。

但天有不测风云，天时之变幻，固有为昔人所不及料，而似若有天意存于其间者。如汉光武追敌而滹沱冰合，大风三日，而曹翰屠江州。《旧约·出埃及记》载犹太人之窜逸自埃及也，扶老携幼，涉红海浅处而渡。埃及军秣马厉兵以追之，方半渡而风向转变，水势骤至，埃军几全数覆没矣。《旧约》虽载摩西神力通天，而实则风之力也。《元史·宪宗本纪》："帝尝攻钦察部，其酋八赤蛮逃于海岛，帝闻，亟进师，至其地，适大风刮海水去，其浅可渡。帝喜曰：此天开道与我也，遂进屠其众，擒八赤蛮。”滑铁卢之战，拿破仑孤注一掷，亦犹项羽之于垓下也。时拿破仑军枪炮之精，胜于威灵顿，故利在于坚实之地以行军。交锋前一晚，大雨倾盆；翌日虽霁，而田野泥泞，步履维艰；延至午刻，拿破仑始克发令进攻。当是时也，法兵莫不以一当百，冲锋陷阵，鏖战至薄暮5点，英兵已不能支，势将溃矣，而普将白鲁且之援军至。故19世纪法国著名文学家维克多·雨果遂谓若非1815年6月17日晚间之雨，则今日之欧洲之为谁家之天下未可逆料，数点霖雨足使英雄气短，为千古之长恨矣。天之亡我，非战之罪，谁不云然？

昔日之舟师，进退乘风力，破浪恃孤帆，更有赖于天时。元世祖两次征日本，均以遇台风而失败。至元十八年（1281）之役，声势尤为浩大，计蒙、汉、高丽兵4万，乘战舰900艘；江南军10万，乘战舰3500艘。先后占壹岐、平壶诸岛，筑肥海上，战舰棋布。台风陡起，元舰多覆没破坏。汉将范文虎等各自择船之坚好者而遁，弃士卒10余万于五龙山下。欧西海战之胜败，决于暴风，足与此相辉映者，当推16世纪西班牙亚美达（Spanish Armada）之覆没。当时西班牙王菲力普二世，有气吞英伦三岛而雄霸全欧之志，于1588年遣西多尼公爵（Medina

Sidonia）率战舰132艘、海陆军3万人，裹6月之粮以北征。迨阳历8月达北海，一旦西南风骤起，战舰当之，莫不披靡，如扫落叶，艨艟巨舶均毁弃于苏格兰与爱尔兰之海滨。计是役西班牙损巨舰70艘，将士万余人，虽伤亡之巨，不及元代之征日本，而西班牙海上霸业亦尽于是矣。

元师之败绩，西军之覆没，关系于一国之隆替，一代之兴亡者至大。若使当时已有测候所之组织，则台风之来，可以预为之备，不致听命于天，一败而不可收拾也。但前车之覆，后车之鉴。气象测候所之所以有今日，亦即受19世纪海军战争经验之赐也。1853年至1856年，俄、土克里米亚战役（Crimea war），英、法联军助土耳其攻俄，集两国海军于黑海。1854年11月14日，忽遇风暴，波涛狞恶，法舰亨利四世号沉于黑海北部之塞瓦斯托波尔（Sevastopol），辎重粮食尽没海中，全军几将瓦解。事后知风暴中心未达联运舰队以前，欧洲西部已先受其影响。当时电报业已发明，故若地中海沿岸设有气象台，则即可以电告英、法舰队，使之为未雨之绸缪，而得以有备无患矣。厥后欧美各国设立气象测候所，争先恐后，俄、土之役，实为之动机也。

自19世纪末叶以迄于今，科学日益发达，虽曰人定胜天，重洋之阻，瀚海之隔，可以飞渡；穷荒辟域，征戍者所需之军实，可以推知。然战具日益精，不仅限于海、陆、空军之强弱，常可决两国之胜负，故天时对于战争之影响仍不因之以稍减也。19世纪德国名将毛奇（Von Moltke）每临战阵，必亲测气压之高下、风云之方向，日以为常。但气象观测之成为行军所必需之设备，实滥觞于民国初年欧洲之战争，而德意志实为之首创。法、英、美各国步武后尘，相率仿效。凡各军管辖之下，均有气象测候所之组织，而以测候员主持其事。每日观测自4次至8次，对于友军则互相联络，由电话传达，以备制图与预报。对于敌军，则天气报告严守秘密，唯恐其宣泄。是以开衅之初，英、法即将大西洋与西欧之天气停止无线电广播，使德国气象技术人员无以凭借以预测风云，因此德国受挫折者，盖屡屡焉。

近世战术之有赖于气象者，以飞机与炮队为最。昔日射炮之程，远不过10公里，中的与否，可以目睹。欧战中炮火遥射，常达20公里以上，非有精密之计算，则失之毫厘，差以千里。以7.5厘米之炮直射7公里外之目标，若遇每秒10米之逆风，则炮弹与目的地相左至400米，炮愈大、射愈远，则空气之影响亦愈大。不特风力可以左右子弹之路径，空气之温度亦须计及，高射炮直射云霄常达5000米之高度，所受空气密度之影响尤巨。故欧战中测候站每隔2小时，必探测自地面至5000

米高处各层空气之温度、密度、风向、风力，以计算所谓弹道风，而炮队即可依据之以射击。且炮队之依赖天时尚不止此也。敌人炮垒之所在，可以数处同时测炮声达到之先后，而推知之。但声浪与空气密度、温度、风向、风力亦有关系，故气象观测可以同时觇知敌炮之所在，而谋所以破坏之也。

欧战时飞机之为用极大，侦探敌军阵地之形势，炸坏对方之战壕与炮垒，均唯飞机是赖。然乘空而行，则驾驶有赖风力。空中各层之风向不一，大抵在对流层（近地面10公里内），愈上则风力愈大，顺风则行速，逆风则行缓。空中风速每小时之速度，有时可达250公里，则顺行与逆行相差乃至每小时500公里。此外云雾雷电，飞行者均视为畏途，故飞机之进退升降，均须视气象预告以为定。至于飞艇则全赖风力以翱翔，其有赖于天气报告者，更不待言。德国之齐柏林飞艇，英、法两国所视为跋扈将军而无可如何者也。1917年10月19日，德军齐柏林队，谋大举以侵英伦三岛，于天将薄暮时，飞艇11艘结队西行。时西欧方在高气压势力之下，月明星稀，熏风徐来，英国北海舰队虽雄霸一世，对于德国空军之飞渡，顾亦无如之何。此一队飞将军抵英后，直驶伦敦，满拟轰炸英京，使英人于睡梦中无所措其手足。孰知天不作美，西北风骤起，云雾充塞于地面，自子夜以迄翌晨，飞艇为风漂泊，而入法军之战线，因迷途而下降，有4架为法人所获，一沉于海。是役也，实为德国空军空前大举，而卒所以遭失败者，乃由德国空军出发之初，大西洋之风暴已在酝酿，而德人未之知也。

毒气可以为攻敌之利器，但苟为不慎，则风向转变，不啻以己之矛、攻己之盾。故凡放毒气时，必须方向与我方战壕所成之角度在45°与135°之间，风速须不徐不疾，在每秒2米与5米之间。风速过疾，则毒气四散而乏效，过缓则敌可避让而为之备。故欧战时德国施放毒气之所以收效力，以其审察风向、风力于事先也。

近世海军之战争，所赖于天时者尤巨。狂风巨浪无论矣，既能见度之优劣，亦可以决两军之胜负。如1914年11月1日英、德两国海军在南太平洋智利海滨之战，时届傍晚，英舰在西，受日照而显著；德舰在东，为雾蔽而晦冥。以是英巡洋舰2艘覆没，而德舰竟得以无恙，非德舰之强于英舰，乃晦明有不同也。即欧战中最险恶之海战，日德兰（Jutland）之役，德舰之所以得安然返其巢穴者，亦赖烟霭为之障也。

要之，近世之战术为科学之战术。未有科学不兴而能精于战术者，亦未有战术不精而能操胜算者。工欲善其事，必先利其器。战术之有赖于化学、物理、工程诸科，更有甚于气象。

研究科学之目的，本在于求真理，而非利用厚生，况杀人盈野乎？然邻邦既穷兵黩武以侵略我土地，蹂躏我人民，使我国疆土日蹙百里，若及今不图，则不效田横壮士之尽踏东海，必沦于强暴矣。

中秋月①

今天我所讲的题目是“中秋月”。中秋是一个很有诗意的佳节。我国历代文人、学士，每到中秋常赋诗以度佳节。杭州在宋代繁盛甲于全国。当时的仕女们每至阴历八月十三四直至十七八日要到江边观潮，十五六日游西湖赏月，这是800年以前的事了。

何日是中秋？南宋吴自牧著《梦粱录》说：“八月十五日中秋节，此日三秋恰半，谓之中秋，月色倍明。”从科学上来看，中秋可有两个定义：天文学上以秋分到冬至为秋季。所以中秋应在立冬，即是阳历11月5日或6日。气象学上以阳历9月、10月、11月为秋季，所以中秋应在阳历10月15日、16日左右。这两个日期统和阴历八月半相距甚远。可是西洋天文学春、

① 本文系作者1948年在浙江大学科学团体联合会上的讲稿。

夏、秋、冬四季习惯上起自春分、夏至、秋分、冬至，实在不甚合理，倒不如中国天文学向例以立春、立夏、立秋、立冬为起点之合于逻辑。若用中国天文学的方法分四季，则中秋应在秋分，和阴历八月半相距不远。秋分是阳历9月23日。去年中秋节在秋分后6天，今年中秋节在秋分前6天。下面将要讲到秋分前后月望时有一种特别可以留恋的地方，所以我主张保留中秋节。

月到中秋分外明。吴自牧《梦粱录》说道："中秋之夕月色倍明。"这完全是诗人文士的幻想了。这种幻想到目前报纸上还是到处可见。去年中秋节，在上海大公报的大公园副刊上，登载着一篇描写中秋月的文章，大意说："在我国各种岁令时节中，最富诗情画意的要算中秋节了。平常的月亮够美丽的，中秋夜的明月，尤其大而圆，集合温柔、神秘、明媚、幽艳之大成……平日的月亮，上升很早，甚至黄昏时分已悬挂在空中。但是一年中，以中秋的月儿出来最迟，大约要到八九点钟，才从天边露出娇容来，似乎在月宫中刻意打扮、精心装饰，然后出来才和人们相见。"这一段话完全是传统文学家的口吻，与实际事情太不符合了。

月亮究竟亮到何种程度？要晓得这一点，我们要以地球上所能看到最明亮的东西，即是太阳为标准。作个比喻，太阳在天顶时，在每平方英寸平面上有60万支烛光的亮度。普通用的洋油灯每平方英寸相当于4到8支烛光，洋烛每平方英寸为3到5支烛光，而月亮在天顶时，它的光度每平方英寸只有一又三分之一烛光。月亮虽可普照半个地球，但在一定面积上光度甚小，所以我们在月光下看书是模糊不清的。月亮离开天顶愈远，它的光亦愈弱。这有两个原因在内：一是太阳或月亮离天顶愈远则其离地平的角度愈小，而地面上每一单位平面所受到日、月光的多少是和离地平角度的大小的正弦成正比的；二是在天顶时日月光线经地面空气的厚度来得少，到了天边时日月光线要到达地面，经过的空气层要厚得多。假使在天顶时，月光到达地面所经空气厚度当作1，那么到月亮离开地平面30°时，所经过空气层就要为2，到10° 时就是5.5。到离地平线4° 时，所经过的空气层厚度就要达12.5。所经过的空气层愈厚，被空气所吸收、反射的光线亦愈多，到达地面的月光自然愈少。而中秋的月亮，除非在热带的地方，否则绝不会到天顶的。

古人说："冬日可爱，夏日可畏。"最重要原因，就是冬天太阳离地平线低，而夏天离地平线高。相反地，月望时，月亮离地平线的角度是以冬至附近为最高，夏至附近为最低。满月最亮之时，实在冬至前后（即阴历十一月十五日左右）。“一年几见月当头”，这就是月当头的时候。今年中秋月的高度，即离地平线的角度为45°57′。而阴历十一月十五日，月亮的高度为87°45′。若是空气一样透明，则十一月月中的月亮一定比八月中的明亮。一年之中，每逢望月，在秋分前后，月的高度适中；夏至前后，其高度较低；冬至前后，其高度最大。这是由于黄道与赤道成23°27′的角度。当月望时，月亮与太阳位置正相对称。太阳到冬至是高度最低的时候，而这时正是月亮最亮的时候。月亮的轨道古称白道，它与黄道相交只有5°9′的角度，此差数甚小，这可以增减月亮的高度，但不会变更上述的原则。即从气候上看，我国各地在仲冬的时候也比中秋前后来得明爽。以杭州为例，云量和湿度有下列的比较。根据1928年至1933年的记录，杭州云量在阳历9月为69%，12月为65%。1934年至1935年的记录，杭州绝对湿度，阳历9月为16.8，12月为8.9。

“一年明月今宵多”，这句诗也是指中秋月而言的。但是实际若以明月照地上的时间来算，一年中仍以冬至前后的月望普照地面时间为最久。好像以太阳论，夏至昼最长，冬至昼最短。满月正与此相反。冬至前后月照时间最长，夏至最短，中秋适介乎其间。大概中秋之夕从月出到月落不过12小时，而在北京纬度、冬至月当头时，从月出到月落可达到15小时之久。

总之，“月到中秋分外明”这句话要改成“月到中冬分外明”才比较合乎事实。

若以月亮之大小而论，肉眼是不可靠的。《列子》卷五有这样一段故事：“孔子东游见两小儿辩斗，问其故。一儿曰：我以日始出时去人近而日中时远也，一儿以日初出远而日中时近也。一儿曰：日初出大如车盖，及日中大如盘盂。此不为远者小而近者大乎？一儿曰：日初出苍凉及其日中如探汤，此不为近者热而远者凉乎？孔子不能解也。”月亮离地球距离平均233000英里。月亮在天边时离地面要比在天顶时远4000英里，所以无疑月亮在天边要比在天顶时稍远一点，直径可差六十分之一。但是眼睛看来月亮初升时好像要大得多，这完全是一种错觉。天文学家对于这个问题不比孔子高明，一向没有良好的答案。有人说在天边有房屋、山川、人物可资比较，所以见得其大；到了天顶，一轮明月悬挂空中，反觉其小。这解答未能令人满意。因在海洋中月出时水天相连接，别无一物可资比较，亦看得大。到了近来，哈佛大学的生理学教授博林研究这种错觉，才知道与我们视觉神经有关。凡看物体直看看得大，下看或上看看得小。假使一人横卧在地上，就觉得天顶月亮大，天边月亮小了。至于八月半的月亮是否比其他月份月望时大，可要看月亮绕地球在近地点还是在远地点。月亮离地心顶远可到257千英里，最近不过211千英里，大约为19与17之比，每27. 55天为一周期。今年中秋节月亮适在远地点，所以中秋节的月亮只会看得小，不会看得大。除非特别钟情于中秋节的人，即所谓情人眼里出西施，那作别论了。

中秋月何以特别受人注意？照上面讲来，中秋月既非分外光明，也非特别圆大，又不照临长久，那为什么受我国千余年顶礼崇拜呢？而且怀念留恋中秋月的，不只是中国人；即使西洋人也特别看重中秋月，名之为收获月，这其中自有一个道理。去年中秋大公园的文章说，中秋月出时姗姗来迟，有装模作态的样子。这不免把中秋月看得贵族化了。实际中秋月是最平民化的，无论贵贱、贫富、雅俗均可共赏中秋月。中秋月的特点不在其出山迟，却相反地因中秋以后的月亮出来特别早。

假使我们把今年杭州（北纬30°　）中秋前后数天月亮出山的时间和正月十五即上元节前后数天月出的时间来比较一下，就可看出中秋月的特点了。

杭州1948年上元节和中秋节月出时间表（地方时）①

上元节　正月十五日　下午5点50分

---

① 依天文历，今年阴历正月和八月，月望统不在15日而在16日。

	正月十六日	下午7点00分
	正月十七日	下午8点08分
	正月十八日	下午9点18分
中秋节	八月十五日	下午5点54分
	八月十六日	下午6点20分
	八月十七日	下午6点47分
	八月十八日	下午7点13分

从表中可以看出：上元前后晚间月亮出来，每晚相隔时间要一小时以上；而中秋前后月亮出来，每日相差只有26.27分钟。从中秋到八月十八，这4天夜月上来离黄昏统不远，这是中秋月和旁的月望时不同的一点，也是中秋月优越的一点。中秋月有这特点的原因，可以这样解释：在温带里边日月行到春分点时，黄道和平地相交的角度最小；而日月的赤纬天天在增加，所以日月出来每天要提早。在春分时候，每天旭日东升要比前一天早半分钟；到中秋时月亮走近春分点，所以月亮出来的时间也要天天提早。一年中平均而论，月亮出来要延迟50分32秒钟。但是中秋前后只消延迟27分左右就行了。中秋时节农民开始收获的时候，这时昼渐渐短而夜渐渐长，将近黄昏有了月亮可以帮助农民延长在田间多做几十分钟的工作。这于民生

不无裨益，所以西洋人称中秋月为收获月。我们的民族向来以农立国，四时伏节如惊蛰、清明、谷雨、芒种统和农民有关。中秋月之所以被崇拜着、留恋着，想来和农民收获有关。既没有传奇式的什么神秘，也没有诗人所想象千呼万唤不出来的娇滴滴的贵妇人那么姣态，而是有一个极平民化的来源，这就是帮助农民在黄昏时候做点手胼足胝的工作。所以中秋月是值得我们留恋，而中秋节是值得保存的。

牵牛与织女[①]

牵牛与织女为我国星座最富于神秘性者。朱文鑫氏为织女编传，日人新城亦著有牵牛织女考，惜笔者僻处黔中，二书均不获见。七夕乞巧之故事，首见于东汉。郑樵《通志》引张衡云，牵牛织女七月七日相见。梁宗懔撰《荆楚岁时记》谓：“七月七日为牵牛织女聚会之夜，是夕人家妇女结彩缕、穿七孔针以乞巧。”其说殆附会《诗·大东》而来。关于织女之传说正不限于国人。印度原有二十八宿，后减去织女一宿改

① 本文选自《二十八宿起源之时代与地点》，见《竺可桢文集》，科学出版社1979年版，有删节。

二十七宿，大概以其纬度过高、离日月所经黄道甚远之故。但印度加尔各答大学德泰，以为二十七宿者，乃月亮之后宫，当织女星为北辰时亦在御妻之列，故成二十八。及后织女离北极较远则又仳离，而宿之数目只二十七矣。其说类神话。《星辰考源》第494页谓16000年前，牵牛织女于冬至之子夜正相聚于天中。至现代则于阴历七夕，牵牛织女始抵子午线上，因此薛莱格断定中国牵牛织女两星座故事起源于公元前14000年，此亦可谓荒诞不经矣。

《史记·天官书》对于牵牛织女亦只云："牵牛为牺牲，其北河鼓。河鼓大星上将，左右左右将。婺女其北织女，织女天女孙也。"按之星图则其方向与现时已大不相同，现时织女赤经已在河鼓之西。但5500年前，因岁差之故，河鼓与织女实在同一子午线上。唯如此方与《天官书》所述者相合。但《天官书》中所述方向不甚精确，且有错误。如云"杵臼四星在危南"，而今图均在危北。又曰"南斗为庙，其北建星"，斗建与河鼓织女之赤经相去不远，何以不受岁差之影响？但牵牛、织女位置之变迁，影响及于牛、女二宿次序之先后，古人当不致如此愦愦，而将其先后倒置也。且古人心目中织女、牵牛位置之与今不同，更可由《甘石星经》所载织女附近星座之方位证实之。新城新藏依《甘石星经》所载120个恒星距极度数，而断定《甘石星经》之年代为公元前300年。但星经中所述方位，或来自古代之传说，未必与距极度同时测定也。孙星衍《天官书补目》引《甘石星经》谓“渐台四星属织女东足”，又“辇道四星属织女西足”，其东、西两字应互易。隋丹元子《步天歌》“渐台四星似口形，辇道东足连五丁”云，但以目前天象视之则辇道应称北足，而渐台应称南足，其方位之更易正与织女、牵牛相似。

北斗九星①

我国自古以北斗为极重要之星座。《天官书》曰：“斗为帝车，运于中央，临制四乡，分阴阳，建四时，均五行，移节度，定诸纪，皆系于斗。”2000年前在黄河流域，北斗七星终年在地平线上，常明不隐，自足引起深刻之注意。但我国古代曾有北斗九星之说，梁刘昭注《后汉书》卷二十《天文志》有云：“璿玑者谓北极星也，玉衡者谓斗九星也。”其言出自《星经》。《黄帝素问·灵枢经》有“九星悬朗，七曜周

① 本文选自《二十八宿起源之时代与地点》，见《竺可桢文集》，科学出版社1979年版。

旋”之语，唐王冰注：“上古九星悬朗，五运齐宣，中古标星藏匿，故计星之见者七焉。”孙星衍以为九星者，即现有北斗七星外加招摇、大角。《淮南子》卷五《时则训》：“孟春之月，招摇指寅，昏参中，旦尾中。仲春之月，招摇指卯昏弧中，旦建中……季冬之月，招摇指丑，昏娄中，旦氐中。”招摇离目前之北极51° 左右，离西汉初北极亦40° 。不特非现时终年所得见，即2000年以前，在黄河流域亦非常明不隐之星也。南宋王应麟引《春秋运斗枢》云：“北斗七星第一天枢，第二旋，第三机，第四权，第五衡，第六开阳，第七摇光，摇光即招摇也。”按《天官书》：“杓端二星，一内为矛招摇，一外为盾天锋。”招摇如为杓之一部，则天锋亦应属杓。《晋书·天文志》：“梗河三星在角北，招摇一星在其北，玄戈一星在招摇北。”《甘石星经》：“招摇在梗河北，入氐二度，去北辰四十一度。”是则招摇非摇光明矣，北斗杓三星玉衡、开阳、摇光相距自5° 至7° 而自摇光至玄戈，自玄戈至招摇亦各六七度。星之光度，玄戈稍弱为四等星，招摇足与七星中天权相比，故玄戈、招摇殆为北斗最后两星。距今3600年以迄6000年前包括右枢为北极星时代在内，在黄河流域之纬度，此北斗九星，可以常见不隐，终年照耀于地平线上。

说云①

云是极普遍而日常所习见之物，其载见于古史经集者，如《诗经·小雅》云“上天彤云”，《易经》云“云从龙”等等，其后望气者流，恃为占卜国家休咎兵事胜负之具，即史书所述如《晋书·天文志》所载“韩云如布”、“赵云如牛”、“越云如龙”、“蜀云如菌”等，亦系一知半解之言。唯朱晦庵氏言云之成因，“云乃是湿气之密且结者也，地上水汽，被日曝暖，冲至空际中域，一遇本域之寒，即弃所带之热，而反元冷之情，因渐凑密，终结成云”，其见解甚近科学原理。至欧美各邦，其以科学方术测究云者，亦不过近百五十年事。至于今日，凡云之组织、成因、高度以及厚薄等，吾人已知其大概，兹分为四段述之如下：（1）云之组织及成因；（2）云之类别；（3）云与雨之关系；（4）云之美。

（1）云之组织及成因。云为无数至微之水点集合而成，唯世之能足登峻巅，身驾飞机，入腾云中，以实探云之真形者

① 本文为作者1931年11月18日在广播无线电台讲演内容，又刊载于《国风》1932年第10期。

至稀。雾，经见者也，雾与云名异而实同，悬于空际为云，逼近地面即为雾也，其成因盖由空中水汽之容量，有固定限制，过之则余剩而结成水点或冰点，所谓饱和点或露点是也。空中含水之量，随其温度之高低，以增减其定量，设空中水汽骤增，或温度降低，皆足以使水汽余剩而凝成云雾之点，至云雾之点，体积至微，非目之所能睹及，现经气象学家威尔斯测得每一立方英寸以内，雾点之含数量，轻雾凡千余粒，而重雾之际，自两万以达百万粒以上不等，其每粒所含水分亦至寡，长15尺、广12尺、高一丈之屋中，设雾点充满其内，若集合其所含水量，不盈一大酒樽，可仰口而咽也。然雾点之粒数，已达6000万万矣。设雾点2500粒横列之，其长度仅得一寸焉。水之成云雾点者，每点必具中心核，核质为微尘，大率为海中之盐类，或煤气之烟屑，而非空中飞扬之沙土也。雨水虽含有煤屑与盐粒，但仍不失为天然水中之最洁净者，盖其所含之微尘，仅至稀之量耳。云点翱翔空际，虽至极低之温度，达冰点下20℃，可不凝结为冰，其所以能存于冰点温度以下之空气中，尚不凝冻者，亦赖其含有盐粒有以致之也。

（2）云之类别。我国昔日未尝有云之分类，至若“越云如龙”、“蜀云如菌”等语，不足确定云类者也。泰西之最初分定云类者，始于19世纪初叶，英人霍华德划云类为四。今之在国际间所共认者有十类；更欲详细别之，则所计不下百类矣。然大别之，可划成三类：卷云、积云、层云是也。卷云极细极薄，若薄幕，若马尾，或若丝之纤维，盖皆由冰针所集成者也，每现之于风暴之先。昔《开元占经》云，“云如乱穰，大风将至”，即谓此也。时而卷云相集成片，似张帷苍穹，皓月与星光遇之，呈毛毛状，曰卷层云。谚云“月光生毛，大水推濠”，盖亦霖雨之征候也。时而卷云分裂如小块状，成卷积云。若玛瑙之皱纹，海面之波涛，或鱼鳞之斑点，为云容中之最美观者，亦可作天候之预兆，有谚云“鱼鳞天，不雨也风颠”者是也。积云多见于日中，夏日尤甚，有如重楼叠阁者，有如菌伞凌虚者，又如群峰环列者，谚云“夏日多奇峰”，即谓此也。积云虽为晴天现象，但堆积过甚，易成雷雨，苏东坡诗有“炮车云起风暴作”句，所谓炮车云者，即雷雨云也。层云作片状，近地者即谓之雾，现于朝暮之际，冬日较多，但鲜有降雨者，登高山见云海，殆皆是类云也。高度以卷云为最，常浮于七八公里至十公里间，积云与层云均属低云。积云高普通在一二公里间，层云低则近地面，高亦不过两公里，唯积云之厚者，其巅可高达七八公里以上也。厚度以积云为最，自数千英尺以达数万英尺，卷云层云，不过数百尺，亦皆非均等者也。

（3）云与雨之关系。云之于雨，其分别在于水点之大小，所以一则浮游空际，一则降落地面耳。云既为水点所集成，其能成雨，固无足奇者。唯物体之居于空中也，较空气重者必下坠，水之重于空气者达800倍，今大块浮云，游存于空中者何也？其故不外云点体积至微，每六分之一英寸直径之雨点，可分成云点凡800万粒，且空气具阻力，今雨点重量之增加，与雨点直径三次方成比例；而空气阻力，与雨点直径二次方成比例数，故雨点愈小，下降率亦愈小也。云点之下降率每分钟仅8尺之距，空气有甚微之上升，已足阻其下降；若空气为下降，则热度增高，云点为其蒸发消灭矣。云点既若是之微，其成雨之故，昔朱晦庵氏已有了然之解释，《朱子语类》载，盖雨落时多细微，雨点彼此相沾，若下之路远，则相沾之数更多而重大，故山顶比山根之雨微小，又冬月比夏月之雨微小，因夏云高也云云。今之论者，以上升气流经过云层，所含尘埃被云层吸取其一部，所剩尘埃既少，则其所成之云点，自属较大；云点既大，下降率亦随之增多，又与所遇之云点相合，体积益大，卒达地面而成雨矣。至霖雨之所以能继续数小时或数日者，乃由他方气流源源接济不绝上腾所致也。全地球所受雨水之量，亦足骇人听闻，盖每一秒钟，平均竟达1600万吨也，然亢旱之象，地面上仍所不免。昔人有云，“如大旱之望云霓”，就表示农夫望雨之殷且切。我国北方，雨量多属缺乏，终年望雨望云之意其殷，若济南、北平等处，习见门联有“天钱雨至，地宝云生”云。此言自北方人视之，固属司空见惯；若多雨量区域之南方人视之，不免指为触目之谈也。唯云雨之于人生，果属至需，苟云量过多，亦殊不宜，盖统计全世界平均云量，为30%至40%之间，日光为其遮蔽达32%。凡川、云、贵等地，常感云量过多，有“天无三日晴”、“蜀犬吠日”之谚。近国立中央研究院气象研究所，派员在峨眉山顶司测候，在平地所谓天高气爽10月之际，其所得全月之日光，不足40小时，于卫生亦甚属不适者也。

（4）云之美。我国于云之科学探究，往昔诚感阙如，至若云之美观，固已得明切之认识者久矣，溯自《竹书纪年》之《卿云歌》，“卿云烂兮，纠缦缦兮”，以迨晋、唐、宋、明诸代之讴颂，近之若谭组安《观云楼诗》、章行严集《题看云楼觅句图》等，靡不谈云之美，尤以陆士衡（陆机）之《白云赋》、《浮云赋》为最，能表白云之美丽，文辞既属绮丽，而于云之形形色色，描来穷极变态，虽乏科学观念，但于云之美，可谓形容尽致矣。昔希腊哲学家柏拉图谓人之五官感觉，唯嗅觉为纯，以非为欲之所驱者也；他若口之于味，饮食所以餍饥，嗜之过甚则谓饕餮；耳之于声，所以悦听，嗜之若周郎，则谓戏迷也；至美色之于人也，谚云“情人眼里出西施”，常有主观杂于其间，非全为客观美也。若照柏拉图之见解，吾人亦可说地球上之纯粹美丽也者，唯云雾而已。他若禽鸟花卉之美者，人欲得而饲养之、栽培之，甚至欲悬之于衣襟，囚之于樊笼。山水之美者，人欲建屋其中而享受之；玉石之美者，人欲价购以储之；若西施、王嫱之美，人则欲得之以藏娇于金屋，此人之好货好色之性使然耳。至于云雾之美者，人鲜欲据之为己有。昔南朝秣陵人陶弘景者，齐高祖梁武帝之所威敬者也，隐于句容之句曲山，时以“山中宰相”称之，其答齐高祖询“山中何所有”一书，有诗曰“山中何所有，岭上多白云；只可自怡悦，不堪持赠君”之句，言云之超然美，洵为至切之谈。其后苏东坡由山中返，途遇白云，若万马奔驰而来，遂启笼掇之以归，咏赋以记之，但归家笼子打开，云即飞散，云之终不得为人之所有也明矣。且云霞之美，无论贫富智愚贤不肖，均可赏览，地无分南北，时无论冬夏，举目四望，常可见似曾相识之白云，冉冉而来，其形其色，岂特早暮不同，抑且顷刻千变，其来也不需一文之值，其去也虽万金之巨、帝旨之严，莫能稍留。登高山望云海，使人心旷神怡；读古人游记，如明王凤洲《游泰山记》、敖英《峨眉山记》、王思任《庐山云海记》，无不叹云殆仙景，毕生所未寓目，辞墨所不足形容，则云又岂特美丽而已。

苏东坡舶棹风诗之是否合乎事实[①]

古之所谓舶棹风即今之所谓东南季风，即如上述。但东南季风为自南海中挈载雨泽来中国之工具，而舶棹风古人均以为主旱，二者似相背谬其理固安在乎？明陶宗仪编《说郛》引汉崔实《农家谚》有“舶棹风云起，旱魃深欢喜”之句。（徐光启）《农政全书》谓：“东南风及成块白云，起至半月，舶棹风，主水退，兼旱。无南风则无舶棹风，水卒不能退。”[②]均与苏东坡“三时已断黄梅雨，万里初来舶棹风”之诗相合。明谢在杭《五杂俎》[③]云：“江南每岁三四月苦霪雨不止，百物霉腐，俗谓之梅雨，盖当梅子青黄时。自徐淮而北则春夏常旱，至六七月之交愁霖雨不止，物始霉焉。”《玉芝堂谈荟》谓：“芒后逢壬立梅，至后逢壬断梅。”《农政全书》所引梅雨之期与《玉芝堂谈荟》相合，又谓夏至“后半月为三时，

---

① 本文选自《东南季风与中国雨量》，刊载于《中国现代科学论著丛刊》——气象学（1919—1949），科学出版社1954年版，有删节。

② 徐光启《农政全书》卷十一，占候。

③ 陈留、谢肇淛、谢在杭著，分天地人物事五俎，见卷一，天部。

头时三日，中时五日，末时七日”。东坡谓“三时已断黄梅雨”，则夏至后半月始断梅，与《五杂俎》及《玉芝堂谈荟》所引微有不合。但梅雨之迟早因地域之不同而异。据近时记载，我国长江下游自汉口、九江以达南京、上海，平均于6月10日即芒种后三四日入梅，7月10日即小暑后三四日出梅。自长沙、岳州、温州以南则入梅与出梅之期均较早。东坡所咏系吴中梅雨，其断梅之期与现时所实测者乃相吻合也。

阳历7月5日至9日可称小暑一候，10日至14日可称小暑二候。宁、沪各地断梅在于小暑一候与二候之间，出梅以后雨量与湿度骤形低落，平均温度激增2℃，风速骤加每小时4公里，足知东坡所谓“吴中梅雨既过，飒然清风弥旬”，又信而有征焉。

在长江流域东南季风于4月间已见其端倪，但至7月初黄梅以后而鼎盛。加以梅雨期中，风速较微，出梅以后，风速顿增，此所以梅雨后之东南季风，为古人所注目，而特加以舶棹风之名也。

且据近来宁、沪两地之观测，舶棹风之主水退亦合乎事实。上海7月间东南风盛行，其影响于天气实非浅显。凡7月间，东南风甚竞则荒旱，东南风衰颓则雨量丰盛，揆诸过去50年之记录而不爽。

柳条能漏泄春光[1]

杜甫《腊日》诗："腊日常年暖尚遥，今年腊日冻全消。侵陵雪色还萱草，漏泄春光有柳条。"苏轼《惠崇春江晓景》诗："竹外桃花三两枝，春江水暖鸭先知。蒌蒿满地芦芽短，正是河豚欲上时。"柳条能漏泄春光，鸭能先知江水暖，这统是表明物候推移是有内在因素起了作用。唐、宋诗人之所以能有如此直觉的感性认识，也是由于他们审察事物之周密而勤快。诗人如陆游，他的晚年从50岁到80多岁在浙江绍兴家乡，夙兴夜寐，几乎无时无刻不留心物候。在《枕上作》诗里："卧听百舌语帘栊，已是新春不是冬……"又在《夜归》诗里："今年寒到江乡早，未及中秋见雁飞。八十老翁顽似铁，三更风雨采菱归。"可见唐、宋诗人之能体会动、植物物候推移的本质，绝不是偶然的。

俗语说道："蒲柳之质，望秋先陨。"意思虽是比喻薄弱的东西容易摧折，但却说明了一个真理，即是许多树木像水

---

① 本文选自《物候学》，竺可桢、宛敏渭著，科学出版社1980年版，有删节。题目为编者摘引内文所加。

杨类，当寒冷天气未到以前，老早就已萧萧落叶了。植物之能“未雨绸缪”，严冬未临，早做准备，不仅限于水杨类，而是很普遍的。因为植物既不能走动，而内部又无调整温度的机制，所以必须有抗御严冬的准备，一般阔叶树在夏末秋初的时候，初叶的叶端不再生长叶子，而成为芽鳞，使枝叶的生长点受到保护，不致受严冬的损害。一到春天，这芽鳞又能重新再长枝叶。在初春未来之前，芽苞、花蕾已跃跃欲试。

唐、宋大诗人诗中的物候①

我国古代相传有两句诗说道：“花如解语应多事，石不能言最可人。”但从现在看来，石头和花卉虽没有声音的语言，却有它们自己的一套结构组织来表达它们的本质。自然科学家的任务就在于了解这种本质，使石头和花卉能说出宇宙的秘密。而且到现在，自然科学家已经成功地做了不少工作。以石头而论，譬如化学家以同位素的方法，使石头说出自己的年龄；地球物理学家以地震波的方法，使岩石能表白自己离开地球表面的深度；地质学家和古生物学家以地层学的方法，初步

① 本文选自《物候学》，竺可桢、宛敏渭著，科学出版社1980年版。

地摸清了地球表面即地壳里三四十亿年以来的石头历史。何况花卉是有生命的东西，它的语言更生动、更活泼。像上面所讲，贾思勰在《齐民要术》里所指出的那样，杏花开了，好像它传语农民赶快耕土；桃花开了，好像它暗示农民赶快种谷子；春末夏初布谷鸟来了，我们农民知道它讲的是什么话："阿公阿婆，割麦插禾。"[①]从这一角度看来，花香鸟语统是大自然的语言，重要的是我们要能体会这种暗示，明白这种传语，来理解大自然、改造大自然。

我国唐、宋的若干大诗人，一方面关心民生疾苦，搜集了各地方大量的竹枝词、民歌；一方面又热爱大自然，善能领会鸟语花香的暗示，模拟这种民歌、竹枝词，写成诗句。其中许多诗句，因为含有至理名言，传下来一直到如今，还是被人称道不止。明末的学者黄宗羲说："诗人萃天地之清气，以月、露、风、云、花、鸟为其性情，其景与意不可分也。月、露、风、云、花、鸟之在天地间，俄顷灭没，而诗人能结之不散。常人未尝不有月、露、风、云、花、鸟之咏，非其性情，极雕绘而不能亲也。"[②]换言之，月、露、风、云、花、鸟乃是大

---

① 见李时珍《本草纲目》第四十九卷，1955年商务印书馆重印本。

② 见黄宗羲《南雷文案》卷一，《景州诗集序》。

自然的一种语言，从这种语言可以了解到大自然的本质，即自然规律，而大诗人能掌握这类语言的含义，所以能写成诗歌而传之后世。物候就是谈一年中月、露、风、云、花、鸟推移变迁的过程，对于物候的歌咏，唐、宋大诗人是有成就的。

唐白居易（乐天）十几岁时，曾经写过一首咏芳草（《赋得古原草送别》）的诗："离离原上草，一岁一枯荣。野火烧不尽，春风吹又生……"诗人顾况看到这首诗，大为赏识。一经顾况的宣传，这首诗便被传诵开来。[①]这四句五言律诗，指出了物候学上两个重要规律：第一是芳草的荣枯，有一年一度的循环；第二是这循环是随气候为转移的，春风一到，芳草就苏醒了。

在温带的人们，经过一个寒冬以后，就希望春天的到来。但是，春天来临的指标是什么呢？这在许多唐、宋人的诗中我们可找到答案的。李白（太白）诗："东风已绿瀛州草，紫殿红楼觉春好。"[②]王安石（介甫）晚年住在江宁，有诗句云："春风又绿江南岸，明月何时照我还。"据宋洪迈《容斋续笔》中指出：王安石写这首诗时，原作"春风又到

① 朱大可校注《新注唐诗三百首》第102页，1957年上海文化出版社出版。

② 《李太白全集》卷七第4页，"四部备要"本。

江南岸”，经推敲后，认为“到”字不合意，改了几次才下了“绿”字。李白、王安石他们在诗中统用绿字来象征春天的到来，到如今，在物候学上，花木抽青也还是春天重要指标之一。王安石这句诗的妙处，还在于能说明物候是有区域性的。若把这首诗哼成“春风又绿河南岸”，就很不恰当了。因为在大河以南开封、洛阳一带，春风带来的征象，黄沙比绿叶更有代表性，所以李白《扶风豪士歌》便有“洛阳三月飞胡沙”之句。虽则句中“胡沙”是暗指安史之乱，但河南春天风沙之大也是事实。

树木抽青是初春很重要的指标，这是肯定的。但是，各种树木抽青的时间不同，哪种树木的抽青才能算是初春指标呢？从唐、宋诗人的吟咏看来，杨柳要算是最受重视的了。杨柳抽青之所以被选为初春的代表，并非偶然之事。第一，因为柳树抽青早；第二，因为它分布区域很广，南从五岭，北至关外，到处都有。它既不怕风沙，也不嫌低洼。唐李益《临滹沱见蕃使列名》诗：“漠南春色到滹沱，碧柳青青塞马多。”刘禹锡在四川作《竹枝词》云：“江上朱楼新雨晴，瀼西春水縠文生。桥东桥西好杨柳，人来人去唱歌行。”足见从漠南到蜀东，人人皆以绿柳为春天的标志。王之涣著《出塞》绝句有“羌笛何须怨杨柳，春风不度玉门关”之句。这句寓意诗是说塞外只能从笛声中听到折杨柳的曲子。但在今日新疆维吾尔自治区，无论天山南北，随处均有杨柳。所以毛泽东同志《送瘟神》诗中就说“春风杨柳万千条，六亿神州尽舜尧”，如今春风杨柳不限于玉门关以内了。

唐、宋诗人对于候鸟，也给以极大注意。他们初春留心的是燕子，暮春、初夏注意的在西南是杜鹃，在华北、华东是布谷。如杜甫（子美）晚年入川，对于杜鹃鸟的分布，在（《杜鹃》）诗中说得很清楚：“西川有杜鹃，东川无杜鹃，涪万无杜鹃，云安有杜鹃。我昔游锦城，结庐锦水边，有竹一顷余，乔木上参天。杜鹃暮春至，哀哀叫其间……”①

南宋诗人陆游（放翁），在76岁时作《初冬》诗：“平生诗句领流光，绝爱初冬万瓦霜。枫叶欲残看愈好，梅花未动意先香……”②这证明陆游是留心物候的。他不但留心物候，还用以预告农时，如《鸟啼》诗可以说明这一点：“野人无历日，鸟啼知四时。二月闻子规，春耕不可迟；三月闻黄鹂，幼妇悯蚕饥；四月鸣布谷，家家蚕上簇；五月鸣雅舅，苗稚忧草茂……”像陆游可称为能懂得大自然语言的一个诗人。

---

①《杜诗镜铨》卷十二《杜鹃》，通行本，诗是大历元年所作。

②《陆放翁集》卷四十八，商务印书馆，“国学基本丛书”本。

我们从唐、宋诗人所吟咏的物候，也可以看出物候是因地而异、因时而异的。换言之，物候在我国南方与北方不同，东部与西部不同，山地与平原不同，而且古代与今日不同。为了了解我国南北、东西、高下、地点不同，古今时间不同而有物候的差异，必须与世界其他地区同时讨论，方能收相得益彰之效。因此，得先谈谈世界各国物候学的发展。

天气和人生[①]

天气这个题目，是人人日常所谈到的。在人们相见的时候，开始就道寒暄，寒暄就是温度的冷暖；讲叙说话，叫做谈天，谈天就是谈谈天气；作诗的人离不开风月，如陆放翁诗里面每四首诗当中，总有一首讲天气的。天气这个题目在我们谈吐之中占这样重要地位，这是什么缘故呢？就是因为天气和人类生活关系极其密切，差不多一刻都不能离。最切近生活的像衣、食、住、行四件事，没有一件事是不受到天气影响的。现在就把这四件事来分别说一说。

① 本文原载于《国风》1934年第4卷第8期。

衣　衣服的功用，就是可以使人们去抵抗那不适宜的天气。因为人类的体温是要能够维持在一定平面上的——平均在华氏表98.6度或摄氏表37.0度，若是温度太高或太低，对于身体统是不利的。但是人类并不像禽兽有自然的毛皮来保护体温，所以若是没有衣服的话，在温带或是寒带里，人类简直是无法生存的。据人种学家的学理，也说人类最初是发源在热带地方，到了衣服发明以后，才能向着温带、寒带地方发展去的呢。据德国鲁伯卫医生的研究，人身上着了普通衣服而后，可以减少发散热量的47%。所以人们虽是生活在寒带里着了衣服的肉体环境，恍如在热带里温度33°（摄氏）这种地方。就是世界上各地方衣服的不同，虽然一部分原因是随着历史的进化，但是最重要的原因，还是在于要适应天气环境。譬如中国服装和欧洲的服装就大不相同，中国衣服是富于弹性，在夏天穿着夏布衣服，冬天穿着狐裘毛褂，而且重裘叠袄，有时甚至可以加到七八件衣服；欧洲人衣服没有多少伸缩的余地，他们一年四季所差的不过是一件外套。这就是因为欧洲的天气是海洋性气候，冬夏温度相差并不过大；我们中国的天气是大陆性气候，冬夏温度就大不相同，所以西装在中国实在只宜于春秋两季。可是在长江同黄河流域的春秋季候很短，如此看来，西装衣服在中国是并不十分相宜的。就是在美国的东部，也是同样的不相宜。至于西装和中装形式的不同，中装是斜襟的，西装是直襟的，这也多少与天气有点关系。在地中海和西欧地方，冬季以西南风居多，并不过冷；在我国冬季多西北风，就需要斜襟衣服，才能抵御那寒冷的西北风呢。雨量分布的多寡，也能影响到人类的衣着。在我国北方，如济南和北平地方的洋车夫，无论如何的穷困，统是着鞋袜的；在长江流域多雨量的地方，洋车夫因为着了鞋袜，容易潮湿，就赤足着草鞋，反而在卫生上是比较好些。到了雨量更多的南洋地方，温度很高的环境里，普通人都不着袜子，只有病人才着袜子呢。

食　五谷牲畜的分布，都是随着气候而定的，所以人们吃的东西，不能不靠天气，南方人食米，北方人食麦，这是个很明白的例子。而且在温度高的热天时候，我们所需要的养料，尤其是产生热量的食物像脂肪和糖之类，比冬天要少得多。佛教是发源在热带里的印度地方，所以十分地要主张素食了。

住　营造居室，也是人类生活上防御抵抗天气的一种方法。在英国人起初到美洲去殖民的时候，因为北美洲东方天气的恶劣，失败过好几次。第一次成功，在1620年有102个信奉清教的人乘了五月花号船到达新英格兰的普利茅斯地方，但是因为衣服的缺少和房屋的不适宜，才过第一个冬季，这102个筚路蓝缕的人竟死了一半，可知房屋的建筑必须适应一个地方的天气。在北方寒冷地方的窗壁屋面造得非常紧密，以避寒风的侵入，我们只要比较北平和南京房屋的屋面，就晓得北方的屋面要比南方的紧密得多。多雪的地方像欧洲西部，他们的屋顶角度都是极大的，使雪可以不堆积在上面，才不至于压坏房屋。我国冬季少雪，所以屋顶角度都是不过30°。建筑房屋，我们都喜欢门窗朝南，这里面也有两层与天气有关的原因，一则因为南向朝阳比较卫生，二则夏天多南风、冬天多北风所以南向，房屋既可以在夏天得到需要的流通空气，在冬天又可以避去寒风的侵袭。但是这种原因一到热带地方就不再存在，一到南半球，所有的房屋就应该北向了。天冷的地方如格陵兰的爱斯基摩人，他们用雪造房子，用冰当窗户。天热的地方如波斯德黑兰，每个房子统有地窟，一到夏天炎日可畏的时候，人们就蛰居地窟中过生活。日本西部冬天多雪，街道上积雪高过于人，可以使交通断绝。所以他们房子的屋檐，统统凸露出在街面上好几尺，以便冬天雪多的时候，行人可以在屋檐下来往。甚至于我们家庭所撰贴的门联，也和气候有关，譬如在北方一带，有种很普通的门联写着“天钱雨至，地宝云生”，像这种句调，在南方人看来极是触目生奇的，这就可以表示在黄河流域一带，雨量稀少，而人人都有如大旱之望云霓的感想。

行　我国南人行船、北人骑马，南方多运河、北方到处康庄大道，这无非因为南方多雨、北方干燥的缘故。在普通送别的时候，我们总是祝望着旅行的人能“一路顺风”，单就长江上下游而论，帆船的数目何止万千，一年中所用的风力总要抵到烟煤数万至数十万吨呢，这也可见风与行旅的关系了。西洋人在轮船未发明以前，船只的行驶也全靠风力，他们在大洋中行船最怕到赤道附近的无风带，因为无风带是要耽搁路程日期的。在东亚季风带内，夏天吹东南风，冬天吹西北风，所以在两晋、唐、宋、元、明的时候，中国要和印度、波斯、阿拉伯等处来往，去的时候，必在冬天；回来的时候，要在夏天，才可以得到顺风。在晋朝安帝时候，有位法显和尚，他自从长安出发到中印度，在他回国的行程中，他到爪哇正在12月中，东北季风盛行的时候因为没有顺风，所以他就停留了5个月，等到4月间有了西南季风才回国。就是哥伦布出发往美洲，也是靠着风力，因为他在信风带里有东北风吹向美洲，若是他在北大西洋遇到西风，那就要比较的困难了。即是现代的飞机来往，也是要依赖风力的，所以在飞机上升以前，先要问明气象台，在哪一层的气流才是顺风，随即飞着到什么高度。在温带里面，西风比东风多，所以环绕全球或是飞渡大洋的人，总是从西向东的多，因为从东向西就要遇着逆风了。第一次飞渡太平洋成功的是美国人潘伯恩和赫恩登，他们先飞渡大西洋，经过莫斯科、柏林、西伯利亚到日本，在1931年10月3日才从东京出发经过41小时31分钟的时间，飞渡4458英里的路程，回到美国的西岸。这样绕大圈子来飞渡太平洋，也无非要避掉逆风罢了。以上所讲，单就天气和衣、食、住、行四项的影响而论。其实天气对于一个民族的哲学、文艺、美术和国民性，也统有关系。今天因为限于时间只好从略了。

气候和衣、食、住[①]

气候和人生关系之密切，从衣、食、住各方面都可以看出来。先说衣罢，俗语有句话，叫“急脱急着，胜如服药”。这就表示我们穿衣裳之厚薄多少，随天气而定。所谓夏葛冬裘，依季节而变换，这是很明白的。以鞋袜而论，山东、平、津一带的苦力，如东洋车夫，统是着鞋袜的。一到长江流域，一般苦力就赤双足、着草鞋。因为长江流域雨量多，到处是水田，普通苦力穿了鞋袜是行不通的。在北洋军阀时代，一般北方兵士到长江一带来，对于穿草鞋的习惯引为一桩苦事。到了两广

---

① 本文选自《气候与人生及其他生物之关系》，《广播教育》1936年创刊号。

一带，雨水更多，草鞋一浸水就不易干，一变而通行木屐。赤了足穿木屐，在多雨而闷热的岭南，是很适于环境。可惜现在有钱的人多穿皮鞋，皮鞋极不通风，在两广遂流行一种足趾湿气病，这类病为欧美所无，西医无以名之，遂名之曰香港足。这就表示用夏变夷，若不适应环境，是会出毛病的。

人们的饮食受气候的影响也很大。我国南人食米，北人食麦，是最显著的一个例子。在关内人烟稠密，草莱多辟为田畴，农耕是最重要的职业，即使间或有畜牧牛、羊的，亦不过当作一种副产品。牛、羊之数既少，牛奶、羊奶就不被人所重视。但是到了蒙古，情形就大不相同了。因为蒙古雨量稀少，根本就不适于农耕，唯有草类尚能生长，可以作游牧之用。从周、秦、两汉以来，匈奴、突厥、回纥，以至于今日的蒙古人，统依赖牛、羊为生。乳酪遂成为日常的重要食品了。一个民族的吃荤和吃素，亦和气候有关。以大概而论，热带之人食素，寒带之人食荤。潮湿地带人民食素，干燥地带人民食荤。在热带果木繁殖、谷类丛生，而家畜如牛、羊之类，反因蚊蚋众多，不易豢养。椰子、香蕉是热带土人最普遍的食品。在寒带则五谷、蔬菜不能滋生，但驯鹿可以生长于冰天雪地之中，其肉可以充饥肠，奶可以作饮料。两极附近富于鱼类，北冰洋中之爱斯基摩人，全靠捕鱼和海豹来维持生活。寒带里面居民之所以吃荤，和热带里面人民之所以吃素，一样是受气候的限制。佛教徒以不杀生为戒，这在印度、日本和我国长江、黄河流域的和尚，尚易办到。但到了海拔4000米，五谷、蔬菜不能丰登的青藏高原上，问题就不同了。西藏的喇嘛，迫于环境，势非茹荤不可。

住的问题和气候关系更为密切。住宅的第一目的，就是要蔽风雨。我国北方风沙大，北平一带屋顶上瓦沟和屋檐的封固，要比南方紧密些。北平比较考究的房子，就有两重窗户。北方雨水少，许多平民住宅，屋顶全是平的，这在多雨水的地方，不但要引起屋漏，而且冬天大雪之后，可以把房子压倒的。欧美各国，凡是多雪之地，屋顶统尖削作金字塔式，使冰雪不至于堆积在屋上。日本西北部冬季，西北风来自日本海，所以雨雪霏霏，街道上积雪可以深至七八尺。大街上两旁人家的屋檐，伸出墙外至四五尺之多，使人行道不至于为雪所封蔽。我国自厦门以南，凡大城如香港、梧州等，街上的人行道上统造有走廊，一以避风雨，二以避炎热可畏的日光。讲到日光，依照现代科学上的研究，于人生有无限的利益。不但可杀微菌、增健康，而且可以疗治软骨症、肺痨等等。欧美现代建筑的式样，很受这理论的影响，普通作鸟笼式，面面皆窗，使阳光随处可以射入。这类新式建筑，在国内也慢慢地盛行了。

可是在中国气候状况之下，这类建筑是很不合时宜的。因为西欧诸国，纬度已高，兼之气候温和，所以一年中并无夏天。沿地中海各国和美国的大部分，虽有夏季而并不长。欧洲英、德、法诸国，大多数时间云雾蔽天。以英国而论，一年当中每天平均照到太阳光的时间，在牛津不过4小时，爱丁堡只有3小时。我国的纬度低、夏季长，黄河流域夏季已有3个月之久，到了长江下游就有5个月，到了华南增至8个月。而且每天照到太阳光的时间，要比英、法、德各国长得多，北平每天平均7小时有余，南京每天6小时不足。所以英、法、德诸国患阳光太少，而我国大部，尤其是在夏天患阳光太多。一到夏季，南京各处的新式洋房便都搭上一个芦席棚，新式洋房墙上多开窗户，原是要想多吸收太阳光，但是外面遮一层芦席棚，是不准阳光进去，既不经济又不雅观。实际以我国夏季之长、日光之强，30年前所流行有走廊的洋房，还比现代鸟笼式的建筑为适用。当然从美术眼光看来，复古是不可能的。但适用而兼美观的式样，只要努力去设计，一定可成功的。欧西式的房子，尚有一点不适宜于我国的，欧洲有冬无夏，为节省煤力、电力起见，所以住屋宜矮小；我国长江以南，夏长冬短，故房间宜高大而宽敞。都市的设计，亦和气候有关。欧美纬度高，终年以西风为多，住宅宜设于城之西部，以避免工厂之煤烟，及人烟稠密地点之恶浊空气。大城如伦敦、纽约，城之西部，统是豪家的住宅，而东部则为工厂区域或贫民窟。

气候与卫生①

各种哺乳动物中，皮毛要算人类最稀了，若使不穿衣服，人类很难得在温带和寒带中生活着。因此有人相信，人类之起源必在热带。自从人类发明了衣服以后，人为的环境可以抵抗气候，人类的足迹遂遍于全世界。据卢伯纳（Rubnor）医生的研究，人穿了衣服以后，无论外界如何寒冷，人的肉体仿佛在33℃的空气中。唯其如此，才能日常保持36℃—37℃的体温。在气温比体温还要高的时候，人类身体上有一种机能，可以避免体温的增高。这机能就是人类身体上的汗腺。有多少哺乳类动物，如猫、狗和老鼠等，除了身体一小部分外，是没有汗腺的，因此就不能抵抗很高的气温。一只老鼠在静止的空气中，气温若增加到38℃就会死的。人和马、猪等，身体上汗腺分布极广，气温高一些，立刻就出汗，使体温不至于过度地增

① 本文选自《气候与人生及其他生物之关系》，《广播教育》1936年创刊号。

高。出汗的功能，就是使汗汁蒸发，而使人感觉凉爽。人类有了衣服，再加出汗的机能，在地面上各种气候状况之下，虽能对付得过去，但是气温太高或是太低，或是变动太缓、太骤，于人类的健康统有很大的影响。据1932—1933年上海、南京、杭州、汉口、青岛5个城市的统计，一年中死亡人数最多在8月和9月，次之在3月和2月，而死亡人数最少是在10月、11月和5月、6月。换句话讲，在我国中部，夏秋之交死人最多，冬春之交次之，而春秋却是死人最少的时候。夏季和冬季之病症亦不同，夏季的流行症是霍乱、伤寒、疟疾和痢疾，冬季是肺炎、白喉和猩红热。夏季患的多是胃肠病，而冬季多是肺管病。为什么死人最多，夏季不在最热的7月，而在8、9月；冬季不在最冷的1月，而在2、3月呢？这多半因为人身抵抗力经过夏天的酷暑和冬天的严寒以后，慢慢地减少了，而病菌遂得乘机以入的缘故。据1901—1910年10年间的调查，日本死亡人数一年中以9月为最多，8月次之，而以6月为最少。可见我国和日本气候差不多，一年中死亡人数的增减亦相仿。据同时期日本调查女子受孕的数目，则和死亡的数目却相反，以6月为最多，4、5月次之，而以8、9月为最少。一年各月中日本女子受孕数目统超过人口死亡的数目。唯有9月份，死亡数目比受孕数目还多。可见得假使日本单有夏天而无秋、春、冬各季，则日本的人口不但不能增加，而且会有减少的趋势。

美国东北部夏季不及我国和日本之酷暑，而冬季之寒冷则过之。所以2、3月间死亡率比7、8月间要高得多，而5、6两个月的死亡人数最少。美国夏季死亡人数之少，另外还有一原因，即是各城市村邑卫生设备好，夏季的流行病如霍乱、伤寒之类几乎绝迹，这当然与气候无关的。可是在同一城邑，凡是冬季愈冷或是夏季愈热，则死之人数愈多。以纽约城而论，8个最冷的3月比8个最温和的3月，温度要低3.5℃，而死亡率就增加10%；到夏天则相反，8个最热的7月比8个最风凉的7月，要热1.5℃，而死亡率则增加14%。可见死亡率和温度之关系，绝非偶然的了。亨丁顿根据美国900万病人的研究，知道在美国东方，病人最相宜的温度是18℃，相对湿度是在80%。温度增高至24℃以上，即于病人有害。空气干燥，于病人卫生亦不相宜，尤以冬季为甚。在印度乐克诺地方较孟买为干燥，而其死亡率即大于孟买。即在印度同一地点，3、4、5各月干燥时期之死亡率，较之6、7、8各月潮湿时期之死亡率为大，以温度而论，则印度之春季与夏季同样暑热，中国一般人以为干燥的空气比潮湿的空气卫生是错误的观念。

二　古今气候变迁考

中国历史上气候之变迁[①]

气候之要素，厥推雨量与温度。但兹二者，我国历史上均无统计之可言，则欲研究气候之更变与否，实为极困难之问题。但雨旱灾荒，严寒酷暑，屡见史籍，此等现象与雨量、温度有密切之关系。虽不能如温度表、量雨计之精确，要亦足以知一代旱潦温寒之一斑也。

欲为历代各省雨灾、旱灾详尽之统计，则必搜集各省、各县之志书，罗致各种通史与断代史，将各书中雨灾、旱灾之记述一一表而出之而后可。但欲依此计划进行，则为事浩

---

① 本文原载于《东方杂志》1925年第22卷第3期，有删节。

繁。兹为求简捷起见，明代以前，根据《图书集成》，[1]清代根据《九朝东华录》，上自成汤十有八祀（1766），下迄光绪二十六年（1900），依民国行省区域，将上述二书所载雨灾、旱灾次数分列为表（表略）。其间唯《咸丰东华录》因一时不能罗致，故此11年间雨灾、旱灾次数暂付缺如。

凡为良好之统计，必须有精确之数目。我国历史上旱灾与雨灾报告之是否可靠，实成问题。如农夫欲邀蠲免，则不妨报丰为歉。如海内兵连祸结，则虽有灾异，人亦遑恤。即认大多数之报告为事实，欲明气候之是否变迁，亦尚有困难之点，试分述之：

（1）灾害之程度不同

史籍所载，或则仅书大雨、大旱，为时甚暂；或则时亘数月，甚至饿殍载途、家人相食，二者不能并为一谈。

（2）区域大小之不同

旱灾或则赤地千里，或则仅限于一州一郡。雨灾或则泛滥全国，或则山洪暴雨影响仅及数县，此其不可相提并列也明矣，若视同一律，则失轻重之分。

① 雨灾统计见《古今图书集成·历象汇编·庶征典》卷七十六至七十九，旱灾统计见《庶征典》卷八十六至九十二。

（3）各省人口多寡、交通便利之不同

凡交通便利、人口较多之处，略有潦旱，即登奏牍。若荒郊僻地、人口稀少之处，则非大旱大水，不以上闻。是故历代建都之省，其雨灾与旱灾之次数，均远较他省为多，在东汉以河南为最，唐代以陕西为最，南宋以浙江为最是也。至明、清两代始破此例。盖以长江下游诸省，为赋税粮食之所自出，故国家之垂注，亦不亚于首都所在之直隶也。

（4）各朝记载详略之不同

历史上各种事实，大抵年代愈久远，则记载愈略。雨灾、旱灾之记录，两汉以前甚少，历汉、晋、六朝至唐而渐多，至明、清两代而更多，故各代旱潦之数实难互相比较。

（5）水利兴废之不同

雨旱灾荒，固多由于天时，但亦视水利之兴废如何。昔刘继庄曾谓：我国西北，自两汉以来之所以多旱潦者，由于刘、石云扰，以迄金、元水利废弛，由以致之云云。[①] 且直、鲁、苏、豫诸省之水灾，则又视乎黄河所取之道而定。自东汉明帝遣王景修汴堤，于是河复故道，由东北入海。自东汉迄唐，河不为患。自宋仁宗时，河决澶州，北流断绝，

① 见刘献廷《广阳杂记》卷四。

河遂南徙。迨明洪武二十四年，河决原武，始全入于淮，自此苏皖多事。洎咸丰五年，河决铜瓦箱，复夺大清河入海，而直、鲁两省受祸又剧。[1]此等变迁，虽足以增减各省水灾之数，而与雨量无甚关系。

以上五点，固足使雨灾、旱灾统计之比较，发生困难。但“二十四史”中所记之灾害，苟非虚报，必有足述。至于灾区大小之不同，则本篇所列诸表（表略），均以省为单位。如灾区甚广，则同一旱灾或雨灾，并见于诸省之下。若灾区限于一省，则在表中仅见诸该省。如此则灾区大小不同者，在表中亦自有别。（3）、（4）两点，雨灾与旱灾应受同等之影响。如因首都所在之地，见闻较详；或因年代较近、记录较多，则雨灾与旱灾之数，应照同一比例增加。至于潦旱之多寡，固有赖于水利，但其重要原因，尚在天时。苟天气亢旱，虽以今日工程智识之发达，亦不能施其技。反之，洪水泛滥，人力之补救，亦只限于一定程度之下。民国九年，北方雨量仅及平均50%，而直、鲁、豫、晋、陕五省大旱。1922年夏季台风屡至长江下游，而苏省大水，此特最近之例耳。且水利兴，沟洫通，固足以避免水灾，但同时亦可

---

① 见王炳燮《治黄刍议》。

以减少旱灾之数。《图书集成》中水灾与雨灾分列，[①] 凡水灾之由于海啸河决，而不直接由于霖雨者，则不列入雨灾中。唯《东华录》中，雨灾与水灾常并为一谈。非引征各省志、各县志，不足以证明其为霖雨所成之水灾，抑系江河决口之水灾也。表中关于清代水灾，均行列入，故各朝之旱灾均多于雨灾，而清代则不然，职是之故也。

由是观之，水利之兴废，记录之详略，交通之便利与否，对于一代雨灾与旱灾之数目，应有同类之影响。苟在一时期内，一区域之旱灾数骤增，而雨灾数反形锐减，则若无充足之理由，足以证明其数目之不精确，即足为该地在该时期内雨量减少之证。反之，若一时期内之旱灾数低减，而雨灾数增加，则又足为该地雨量增加之征也。

下列表1与表2（表略），以朝代为单位。因各朝时间修短不同，故除列各朝雨灾、旱灾之总数外，另辟一行，为每百年中旱灾与雨灾之数，使各代之数目可以互相比较。两表中所可注意之点为：（1）除明、清两代而外，凡首都所在之省份，其雨灾与旱灾之数均远出他省之上。（2）时代愈近，则雨灾与旱灾愈多。（3）我国本部各省在清代除广西而外，雨灾均

① 水灾统计见《庶征典》卷一百二十四至一百三十二。

多于旱灾。而明代则除云南而外，旱灾均多于雨灾。以上三点其理由已于上节述及，兹不赘。（4）元代黄河流域六省，自直隶、山东以迄陕南、甘肃，其雨灾与旱灾，不特远过南宋之数，且超出明代各省雨、旱灾之数（山西之雨灾除外），足为元代北方水利废弛之证，而知刘继庄之言为不误也。（5）黄河流域下游四省，在南宋时水灾均较北宋五代为少，而旱灾则除河南（首都所在之省）外，均较五代、北宋为多。此殆足为南宋时黄河流域雨量减少之证，而与亨廷敦氏在新疆调查之结果相符合者也。[①]

表3与表4（表略），以世纪为单位，以便与欧美之记录相比较。自公元前8世纪起以至19世纪末叶，公元前雨灾与旱灾之记录，为数甚少，且地点只限于山东、河南数省，似无价值之可言。公元以后，记录渐多，其间可注意之点如下：第4世纪（300—400）旱灾之数骤增，而雨灾之数则骤减。当时旱灾虽较3世纪与5世纪为多，而雨灾则反较3世纪与5世纪为少。如谓西晋以来，中原沦陷，天下鼎沸，史家无暇顾及灾异，则何

① 美国人亨廷敦（E.Huntington）于20世纪初两度至我国新疆，认为该地在两汉时期雨量较为充足，自东晋（4世纪）以迄唐代，雨量骤减，至北宋（10世纪）及元代末叶（14世纪）雨量又略增进，在南宋（11世纪）及明代中叶（15世纪）雨量又复减少。

以自晋成帝咸康二年（336）迄刘宋文帝元嘉二十年（443）的108年中，竟无一雨灾之记录，而旱灾则达41次之多，岂非第4世纪时天气有干旱之趋势乎？

除第4世纪而外，雨灾之特别少者为15世纪。在明代鼎盛之时，雨灾之发见，史家似不应置若罔闻。而同时旱灾之次数，则无同样之减退。至16世纪，旱灾之数为各世纪冠，而雨灾之数则与13世纪不相上下。是殆足为明代雨灾较少而旱灾较多之证，而尤以长江流域为甚。

自来旱灾之数，虽平均较雨灾为多，然除4世纪而外，其相差悬殊，未有若15世纪长江流域之显著者。然则亨廷敦氏谓新疆气候在4世纪与15世纪骤然干燥之说，证之以历史上雨灾、旱灾之记录，似甚可信也。

当南宋时，黄河流域雨灾特少而旱灾特多，已于上节述及。但12世纪时，旱灾总数反较11世纪与13世纪为少，而水、旱则反较前后两世纪增多，似当时雨量有增加之趋势。南宋占12世纪之大部分，与前说不无矛盾。然我国幅员所包甚广，南北各方之雨量未必同时增进或同时减退。苟为详细之分析，则知南宋时代，黄河流域雨量虽减退，而长江流域之雨量则反见增加。何以言之？凡一时代雨灾与旱灾数目之比例之大小，足以知该时代雨量之增进或减退。今试以东晋迄明代各省雨灾总数与旱灾总数之比例为标准，而以列南宋时代各该省雨灾与旱灾之比例（即以各省水灾之数为一以求旱灾之比例），则知黄河流域各省除陕西而外，其比例均较标准为大，而长江流域则均较标准为小。

黄河流域与长江流域雨量增减之不同，依近来测候所之统计，而知时所常有。前印度气象局局长沃克氏，曾搜集世界各处近百年来之雨量，而著为一文，题为《日中黑子与世界之雨量》。依沃克氏之研究，则谓世界各处雨量，可分为两类：或则依日中黑子之数增加而增进，或则因黑子之数增加而雨量反形减少。如朝鲜、南满及黄河下游属于第二类，而长江下游则属于第一类。

日中黑子之记载，世界各国中以我国为最早。依“二十四史”中各代所记有黑子之年数，列为表如下：[①]

---

① Alexander Hosie 曾搜集我国历史上所载日中黑子之数列为表，登Quarterly Journal of Royal Asiatic Society，但其中略有谬误，如表中14世纪日中黑子只有一次，而依《明史》则有9次。

我国历史上各代纪有日中黑子年数表

第4世纪	17	第11世纪	3
第5世纪	2	第12世纪	16
第6世纪	7	第13世纪	6
第7世纪	0	第14世纪	9
第8世纪	0	第15世纪	0
第9世纪	8	第16世纪	2
第10世纪	1		

据上表以观，则知南宋一朝，日中黑子之多，为晋代迄明之所未有。近代科学家，对日中黑子最有研究之沃尔夫（Wolfer）氏，亦承认12世纪为历史上日中黑子发现最多之时期。若参以沃克氏雨量与黑子关系之说，益足以知南宋长江流域雨量增加，而黄河流域雨量减少之说为不误也。

日中黑子之性质如何，现时科学家尚聚讼纷纭，而无定论。但经美国天文学家纽科姆（Newcomb）及德国地学家柯本二氏之研究，日中黑子之多寡，与地球上温度有密切之关系，已成科学家之定论。凡日中黑子多，则地面温度低降；黑子少，则地面温度增高。苟南宋时代，日中黑子特别增多，则当时温度似应特别低减，试以征诸我国历史上之记载。

我国历史上虽无温度之记载，但降霜飞雪之迟早，草木开花结果之时期，在皆足以见气候之温寒。昔刘继庄尝就南北诸方，以桃李开花之先后，考其气候，以觇天地相应之变迁，惜也其书不传。但以桃李开花为标准，不若以初霜初雪或终霜终雪为标准之精确。因同一地点，一岁中桃李开花时间之先后，常可以有旬日之差。而初霜初雪，实可以表示空气温度之达冰点也。

但欲为精确之比较，亦殊非易易。因必须知当时霜雪之日期与地点，然后始能作比较，而历史上于二者往往略而不详也。南宋建都武林，于杭州之霜雪所记特详，且均有年月甲子。计自高宗绍兴元年（1131）起，讫理宗景定五年（1264）止，133年间，在宋史共有40次春雪之记载，其日期可以确定。为与近代春雪日期比较起见，将阴历甲子依南京教士黄君所著《中西纪年合表》[①]改为阳历月日，则知在南宋时，杭州入春降雪时期，较现时晚而且久也。

---

① P.Hoang，1910，Concordance des Chronologies Néoméniques Chinoise et Européenne，Shanghai，表中阳历凡明神宗万历十年（1582）以前均照儒略历（Julian Calender），明万历十年以后始照格里高里历（Gregory Calender），故欲与现时阳历相比较，南宋时之阳历均须增加7天。

凡气候愈冷，则春季最后降雪期亦愈晚。依近来之调查，则知春季平均终雪日期，在长春为阳历4月20日，奉天（今沈阳）为4月9日，天津为3月23日，至闽、粤诸省，则虽在严冬，亦不常见雪。自前清光绪三十一年（1905）至1914年，10年间，杭州平均终雪日期为2月23日。而此10年中，最晚终雪日期则为3月15日。但依南宋时之记载，京师40次春雪中，其日期在2月23日以后者有37次，而超过3月15日者亦有21次之多。苟将当时记录分每10年为一组，将130年分为十三组，则除两组而外，其最晚终雪期均在3月15日以后。各组之平均，则为4月1日，与南京最晚终雪期不相上下（与杭垣同时期10年间南京最后终雪期为4月3日）。如谓光绪末年至民国初元，天气温和或降雪特少，则试取同治十二年至光绪二十八年间上海之记载，而知此30年间上海最晚终雪，亦仅为4月4日。[①]若仅仅一二次之记录，固不足凭。但南宋先后共有40次之记录，而日期均若是其晚，则必非偶然，殆当时春初之温度较现时为低。至于相差若干，虽不能确定，但依其最晚终雪日期，因以与南京、上海之温度相较，则可推知约低1摄氏度之谱。

最晚终雪之延迟，不特可以证明温度之低，而且可以表示

① J.de Moidrey，1904，Notes on the Climate of Shanghai，Zikewei.

当时风暴之途径。在长江流域一带，冬春雪之多少，视乎风暴之途径而定。如风暴由长江流域入海，则风来自北，温度低而多雪；如风暴掠黄河流域以入海，则风来自南，温度高而无雪。南宋时杭垣春季多雪，则风暴南行之征也。依美国气象学家顾尔谋（Kullmer）之研究，则知美国风暴之途径，视日中黑子多寡而不同。日中黑子多，则风暴趋向美国南部（北纬30°左右）；黑子少，则风暴趋向北方（北纬40°左右）。南宋时代为日中黑子最盛之时，则风暴之趋向长江流域宜也。在同一地理状况之下，风暴愈多，则雨量亦愈多。南渡而后，风暴若竟由长江流域以入海，则长江流域必将因之以多雨而使长江流域之雨灾增多也。

昔奥人布吕克纳（Brückner）曾搜集欧洲历史上关于冬季天气严寒之记载及各代葡萄收获之时期，自9世纪以迄18世纪列为一表，而断定12、13两世纪，欧洲温度较低，而15世纪之温度则较高。我国历史上气候之差异，与欧洲如出一辙。自12世纪至14世纪，冬季似较严寒；至15世纪，冬季之天气似较温和。是又足与南宋降雪之记录，互相印证者也。

由是观之，我国历史上之记载，似足以证明东晋与明代中叶，旱灾特别增多。南宋时代，黄河流域虽亢旱，而长江流域则时有风暴，雨雪丰盛。以温度而论，南宋及元似较低，而明代中叶则较高，与日中黑子之数成一反比。此实与亨廷敦氏新疆气候变迁之说相为表里，而知气候之并非固定矣。

近来美国道格拉斯（Douglas）发明以松柏类年轮之厚薄，定往昔雨量之多寡。盖在雨量不丰之处，松柏类年环之厚薄，与雨量之丰歉成正比例。欧美森林葱郁之处，苍老之松柏，有寿逾四千载者。道氏数年来于德意志、挪威及美国西部各处，搜集古松，截而验之，则欧美近2000年雨量之增减不难按图索骥也。据道氏研究之结果，谓自公元4世纪以后，雨量骤减；至10世纪末，雨量稍有增进；然越50年而又减，以至12世纪末叶，至14世纪初期，雨量又复加增；但洎15世纪而又锐减，以迄16世纪初叶云云。是则历史上气候之变迁，固不仅限于我国一隅矣。

南宋时代我国气候之揣测①

研究欧西历史上气候之变迁者，颇不乏人，而首推布吕克纳（Brückner）氏。依其调查之结果，则欧洲在12世纪初叶以迄14世纪初叶200年间，其天气似较其余各世纪为冷。公元12、

① 本文于1924年7月3日在科学社南京年会宣读，刊载于《科学》1925年第10卷第2期，有删节。

13两世纪适当我国南宋（1127—1279）及元代（1280—1367）初叶。我国与欧洲同处北温带，同在一大陆上（近世地理学家多认欧亚为一洲而非两洲），则寒凉温热，不无连带之关系。试以我国历史上所记之事实证明之。

“二十四史”中，降雪记载之多，首推宋史，而尤以南宋为最多。计上自高宗绍兴元年（1131），下迄理宗景定五年（1264），133年间，专关于首都杭州春间降雪之记载，共有40次之多。其间有2次仅记月而不记甲子，其余均有甲子可按。①

南宋时武林入春，往往降雪，为期之晚，胜于今日。依近时杭州测候所之调查，自1905—1914年10年间，杭州平均终雪期为阳历2月23日，而最后终雪期为3月15日。②以此而例，南宋时代武林降雪之日期，则足以知南宋时代终雪之晚。试将1131年起至1260年止，130年分为十三组，每组10年。则其中除1241—1250年及1221—1230年两组而外，其余各组中降雪日期，均有晚于3月15日者。况《宋史》所载，未必为当时各年度之终雪日期乎。苟将各组中择其记录降雪之最晚日期而平均之，则得南宋时代每10年间最晚终雪期为4月1日。自公

① 见《宋史》卷六十二《五行志》第十五。

② 依日本中央观象台出版之日本气候表。

元1873—1902年30年间，上海最晚终雪期为4月4日；而1905—1914年10年间，南京最晚终雪期为4月2日，[①]与南宋时代杭州每10年度中最晚终雪期不相上下。但依现时调查，上海与南京两处平均温度，均较杭州低约1℃。[②]由此可以知南宋时代杭州温度之低于今日矣。

如谓宋史所载或多谬误，地名之遗漏，风雪之虚报，在所不免。则试依布吕克纳氏研究欧洲历史上温度高下之方法，搜集各世纪中冬季特别严寒之年数，以资比较。

大抵历史上所记载各种事实，时代愈近则记述愈详。我国历史上大寒年数，至12世纪而骤增，历13、14两世纪，至15世纪而骤减。欧洲历史所记载，亦复如此。二者不约而同，足以互相印证，南宋时代我国气候寒冷，于此似又得一明证矣。

地球上所以有寒温之差别，全视乎日光多寡而定，是以昼夜冬夏温凉不同。欲求地球上气候所以变迁之原因，不能不研究地球所受光热之来源。20世纪初叶美国著名天文学家纽科姆（Simons Newcomb）证明地球上温度之变迁，与日中黑子有密切之关系。嗣后研究此问题者接踵而起，而其间成绩最佳者，

① 见日本气候表。

② 见竺可桢《天象学》表2，“百科小丛书”第一种。

当推德国之柯本（K ō ppen）与英国之沃尔克（Walker）。依诸人研究之结果，则知日中黑子众多，则地球上温度低减；日中黑子稀少，则地球上温度增高。科学家对于日中黑子之内容性质，虽尚无定论，而与地球上温度有上述之关系，则已为一般所公认者也。

沃尔克氏曾搜集世界各国166所气象台历年之温度、雨量、气压，以与各年度日中黑子之数相比较，而得其相关系数。将北京、上海、香港三处气候与日黑子相关系数摘录列表，足知北京、上海、香港三处温度之增减，虽不全视日中黑子数目之多寡为转易，但关系极为密切。换言之，即日中黑子增多，则三处温度均有低减之势也。

关于历史上日中黑子之记载，以我国为最早。在两晋时代，业已见诸史籍。兹将自唐代迄明代史籍所载，各世纪均有日中黑子发现之年数，与大寒年数同列一表中（表略）而求得其相关系数如下，可以知日中黑子愈多，而大寒年数亦愈众也。

我国历史上大寒年数与日中黑子相关系数

$$= +0.566 \pm 0.162$$

欧洲历史上大寒年数与日中黑子相关系数

$$= +0.364 \pm 0.196$$

12世纪时，日中黑子在历史上发现之多，晋代以还，首屈一指。即13、14两世纪，日中黑子发现之年数，亦复不弱。近世科学家既断定日中黑子众多，为地球上温度降低之征兆，则南宋时代气候之寒冷不亦宜乎?

综上所述，则吾人可以南宋时代春季降雪时期之晚，大寒年数之多，及日中黑子之数，而断定当时气候必较现时及唐、明两朝为冷。试更进一步研究当时终雪时期之晚与气候所以寒冷之原因。我国东部天气之晴阴温寒，全视乎亚洲中部气压之高下及风暴所在之地点而定。凡在冬季，风暴均自西藏、蒙古或西伯利亚等地向东行，渡海而往日本。[①] 如风暴自长江流域以南入海，则长江流域一带多北风而时降雪。如风暴经黄河流域以入海，则长江流域多南风，或有阴雨，但不降雪。此所以东北风有“雪太公”之称也。南宋时代，暮春常降雪，则风暴南行之征候也。依美国气象学家库尔默（Kullmer）氏之研究，知日中黑子多，则美国风暴亦愈多。且风暴所行之路径，亦视日中黑子数多寡而有不同。日中黑子多，则风暴趋向美国南部（北纬20° 左右）；黑子少，则风暴趋向美国北部。我国风暴途径与日中黑子之关系，虽尚乏研究，但在同一带内，度其影响亦必类似。若然，则南宋时代既为历史上日中黑子发现

① 我国风暴所取之途径参见竺可桢《气象学》图19。

最盛之时期，则风暴固应频仍，而南趋长江流域（北纬30° 左右），此当时杭州之所以入春多雪也。①

中国古籍上关于季风之记载②

季风西文作Monsoon，源于阿拉伯字Mausim，意即季候也。我国古称信风，此风在阿拉伯海及印度洋中流行最盛。中古时代，南亚海上贸易全为阿拉伯人所操纵，当时海洋船舶来往，唯风是赖，故阿拉伯商人于季风向背之季候，亦知之最稔。我国晋代高僧法显，于安帝隆安三年（399）自长安出发，经敦煌、鄯善赴天竺寻求戒律，越十五载，取道南海而归。依日本安永重镌沙门法显自记游天竺事③称："法显住此（摩梨帝国在恒河河口）二年，写经及画像，于是载商人大舶，泛海西南行，得冬初信风，昼夜十四日，到师子国……法显住此国二年，更求得弥沙塞律藏本，得长阿含杂

① 我国风暴秋少春多，故风暴南下于春季影响尤大。

② 本文选自《东南季风与中国之雨量》，刊载于《中国现代科学论著丛刊》——气象学（1919—1949），1954年科学出版社出版。

③ 日本安永己亥沙门玄韵重镌，沙门法显自记游天竺事，公元1885年英国牛津大学校印书局刊第36章至第42章。

阿含，复得一部杂藏，此悉汉土所无者。得此梵本已，即载商人大船上，可有二百余人，后系一小舶，海行艰险，以备大舶毁坏。得好信风，东下三日，便值大风……如是九十许日，乃到一国，名耶婆提……停此国五月日，复随他商人大舶上，亦二百许人，赍五十日粮，以四月十六日发，法显于舶上安居，东北行趋广州。”

由此可知当时季风对于航行之重要，法显之所以居留耶婆提（即今爪哇）至五月之久者，非欲观光上国，乃以风向不利于行耳。盖法显于阴历十一月间抵耶婆提时值东北季风盛行南海，故必须待至翌年初夏，风转西南或东南始克返棹耳。

降及宋元时代，虽大食、波斯与中国通商，往来频繁，远胜两晋六朝，而南海商船来往之唯季风是赖，一如曩昔。宋周去非著《岭外代答》[①]谓：“国家绥怀外夷，于泉广二州，置提举市舶司。故凡蕃商急难之欲赴诉者，必提举司也。岁十月提举司大设蕃商而遣之，其来也常在夏至之后……诸番国之富盛多宝货者，莫如大食国，其次阇婆国，其次三佛齐国……诸蕃之入中国，一岁可以往返；唯大食必二年而后可。大抵蕃舶风便而行，一日千里。一遇朔风为祸不测。”十月遣之，以东

① 宋，桂林通判，永嘉，周去非著《知不足斋书》卷三，“航行外夷”条下。

北季风可资南返。夏至后始至，则以待东南季风也。

东南季风不特古代蕃舶借以北来，而我国夏季雨泽甘霖之得以长驱直入而达黄河、长江流域，实亦利赖之也。在我国古籍所载东南季风之名称不一，《风俗通》[①]谓："五月有落梅风，江淮以为信风。"《玉芝堂谈荟》引《风土记》谓"南中六月则有东南长风号黄雀风"。苏东坡《舶棹风》诗："三时已断黄梅雨，万里初来舶棹风。"其诗引中有云："吴中梅雨既过，飒然清风弥旬，岁岁如此，湖人谓之舶棹风。是时海舶初回，此风自海上与舶俱至云尔。"盖信风可兼指冬夏季风，而舶棹风则专指夏至后东南季风而言。

中国近五千年来气候变迁的初步研究[②]

中国古代哲学家和文学家如沈括（1030—1094）、刘献廷（1648—1695）对于中国历史时期的气候无常，早有怀疑。但他们拿不出很多实质性事实以资佐证，所以后人未曾多加注意。直到20世纪20年代，"五四"运动即反帝反封建运动之后，中国开

---

① 见汉应劭著《古今逸史》全一本。

② 本文原载于《考古学报》1972年第1期。此处根据作者修改后的刊本，节录"前言"与"结论"，有删节。

始产生了一种新的革命精神，近代科学也受到推动和扩展，例如应用科学方法进行考古发掘，并根据发掘材料对古代历史、地理、气象等进行研究。殷墟甲骨文首先引起一些学者的注意，有人据此推断在3000年前，黄河流域同今日长江流域一样温暖潮湿。近3000年来，中国气候经历了许多变动，但它同人类历史社会的变化相比毕竟缓慢得多，有人不了解这一点，仅仅根据零星片断的材料而夸大气候变化的幅度和重要性，这是不对的。当时作者也曾根据雨量的变化去研究中国的气候变化，由于雨量的变化往往受地域的影响，因此很难得出正确的结果。

20世纪初期，奥地利的汉恩（J.Hann）教授以为在人类历史时期，世界气候并无变动。这种唯心主义的论断已被我国历史记录所否定，从下面的论述就可以知道。

在世界上，古气候学这门学科好像到了20世纪60年代才引起地球物理科学家的注意。在60年代，曾举行过三次古气候学的世界会议。在这几次会议上提出的文章，多半是关于地质时代的气候，只有少数讨论到历史时代的气候。无疑，这是由于在西方和东方国家中，在历史时期缺乏天文学、气象学和地球物理学现象的可靠记载。在这方面，只有我国的材料最丰富。在我国的许多古文献中，有着台风、洪水、旱灾、冰冻等一系列自然灾害的记载，以及太阳黑子、极光和彗星等不平常的现象的记录。1955年，《天文学报》发表了《古新星新表》一文，文中包括18世纪以前的90个新星。这篇文章出版以后，极为世界上的天文学家所重视。1956年，中国科学院出版两卷《中国地震资料年表》，包括公元前12世纪到1955年之间的1180次大地震。这一工作除了为我国的社会主义建设提供不可缺少的参考资料以外，中外地震学家都非常欢迎这两卷书。

在中国的历史文件中，有丰富的过去的气象学和物候学的记载。除历代官方史书记载外，很多地区的地理志（方志）以及个人日记和旅行报告都有记载，可惜都非常分散。本篇论文，只能就手边的材料进行初步的分析，希望能够把近5000年来气候变化的主要趋势写出一个简单扼要的轮廓。

根据手边材料的性质，近5000年的时间可分为四个时期：1. 考古时期。大约公元前3000年至前1100年，当时没有文字记载（刻在甲骨上的例外）。2. 物候时期。公元前1100年到公元1400年，当时有对于物候的文字记载，但无详细的区域报告。3. 方志时期。从公元1400年到1900年，在我国大半地区有当地写的而时加修改的方志。4.仪器观测时期。我国自1900年以来，开始有仪器观测气象记载，但局限于东部沿海区域。气候因素的变迁极为复杂，必须选定一个因素作为指标。如雨量为气候的重要因素，但不适合于做度量气候变迁的指标。原因是在东亚季风区域内，雨量的变动常趋极端，非旱即涝；再则邻近两地雨量可以大不相同。相反地，温度的变迁微小，虽1摄氏度之差，亦可精密量出，在冬、春季节即能影响农作物的生长。而且冬季温度因受北面西伯利亚高气压的控制，使我国东部沿海地区温度升降比较统一，所以本文以冬季温度的升降作为我国气候变动的唯一指标。

40或50年前，欧美大多数正统气候学家相信，气候在历史时代是稳定的。根据当时奥地利的汉恩的意见，如果有一个地方做了30年的温度记载或40年的降雨记载，我们就能给那个地方建立起一个标准。这个标准能够代表历史上过去和将来若干世纪的温度和雨量。这种见解，已为世界近数十年来收集的气象资料所否定。在我国，古代作家如《梦溪笔谈》的作者沈括、《农丹》的作者张标和《广阳杂记》的作者刘献廷，均怀疑历史时代气候的恒定性，且提出各朝代气候变异的事例，记载于上述书籍中。对于中国气候的发展史，中国的文献是一个宝库，我们应当好好地加以研究。

本文对我国近5000年来的气候史的初步研究，可导致下列初步结论：（1）在近5000年中的最初2000年，即从仰韶文化到安阳殷墟，大部分时间的年平均温度高于现在2℃左右。1月温度大约比现在高3℃—5℃，其间上下波动，目前限于材料，无法探讨。

（2）在那以后，有一系列的上下摆动，其最低温度在公元前1000年、公元400年、1200年和1700年，摆动范围为1℃—2℃。（3）在每一个400年至800年的期间里，可以分出50年至100年为周期的小循环，温度范围是0.5℃—1℃。（4）上述循环中，任何最冷的时期，似乎都是从东亚太平洋海岸开始，寒冷波动向西传布到欧洲和非洲的大西洋海岸，同时也有从北向南趋势。

我国气候在历史时代的波动与世界其他区域比较，可以明显看出，气候的波动是全世界性的，虽然最冷年和最暖年可以在不同的年代，但彼此是先后呼应的。关于欧洲历史上的气候变迁，英国布鲁克斯（C.P.E.Brooks）是20世纪前半期最有成绩的作者。我们把他所制的公元3世纪以来欧洲温度升降图与中国同期温度变迁图作一对照就可以看出，两地温度波澜起伏是有联系的。在同一波澜起伏中，欧洲的波动往往落在中国之后。如12世纪是中国近代历史上最寒冷的一个时期，但是在欧洲，12世纪却是一个温暖时期，到13世纪才寒冷下来。如17世纪的寒冷，中国也比欧洲早了50年。欧洲和中国气候息息相关是有理由的。因为这两个区域的寒冷冬天，都受西伯利亚高气压的控制。如西伯利亚的高气压向东扩展，中国北部西北风强，则中国严寒而欧洲温暖。相反，如西伯利亚高气压倾向欧洲，欧洲东北风强，则北欧受灾而中国温和。只有当西伯利亚高压足以控制全部欧亚时，两方就要同时出现严寒。

挪威的冰川学家曾根据地面升降的结果，做出近10000年来挪威的雪线升降图。雪线的升降与一地的温度有密切关系。一时代气候温暖则雪线上升，时代转寒，雪线下降。以我国5000年来气温升降与挪威的雪线高低相比（图），大体是一致的，但有先后参差之别。图中温度0线是现今的温度水平，在殷、周、汉、唐时代，温度高于现代；唐代以后，温度低于现代。挪威雪线也有这种趋势。但在战国时期，公元前400年，出现一个寒期为中国所无。尚有一点须指出，即雪线高低虽与温度有密切关系，但还要看雨量的多少和雨量季节的分配，所以不能把雪线上下的曲线完全用来代表温度的升降。

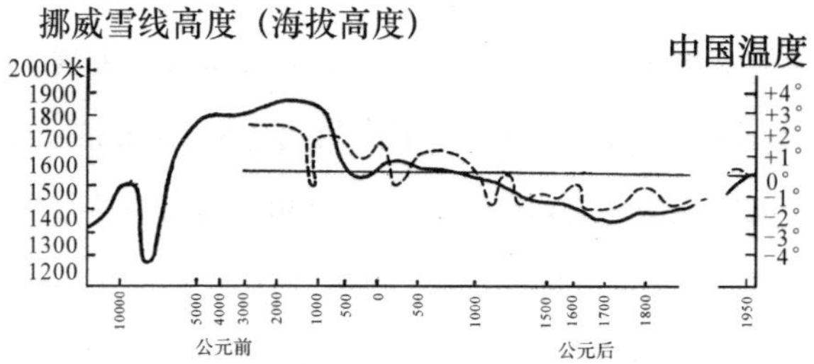

10000年来挪威雪线高度（实线）

与5000年来中国温度（虚线）变迁图

雪线高度以米计，目前挪威雪线高度在1600米左右。温度以摄氏计，以0线作为目前温度水平。横线时间的缩尺是幂数的，越至左边缩尺越小。

最近丹麦首都哥本哈根大学物理研究所丹斯加德（W.Dansgaard）教授，在格陵兰岛上Camp Century地方的冰川块中，以^{18}O的同位素方法研究结冰时的气温。结果是：结冰时气温高时，^{18}O同位素就增加，气温增加1℃，δ（^{18}O）‰就增加0.69‰。兹将丹斯加德所制近1700年来格陵兰岛气温升降图与本文中用物候所测得的同时间中国气温图作一比较，①从三国到六朝时期的低温，唐代的高温到南宋、清初的两次骤寒，两地都是一致的，只是时间上稍有参差。如12世纪初期格陵兰岛尚有高温，而中国南宋严寒时期已开始。但相差也不过三四十年，格陵兰岛温度就迅速下降至平均以下。若以欧洲相比，则欧洲在12、13世纪天气非常温暖，与中国和格陵兰岛均不相同。若追溯到3000年以前，中国《竹书纪年》中所记载的寒冷，在欧洲没有发现，到战国时期，欧洲才冷了下来。但在约翰逊（S.G.Johnsen）和丹斯加德的图表中就可以看出，②距今3000年前格陵兰岛曾经一次300年的寒冷时期，与《竹书纪年》的记录相呼应。到距今2500年到2000年间，即在我国战国、秦、汉间，格陵兰

---

① 原文有“1700年来世界温度波动趋势图”，此处略去——编者。

② 表略——编者。

岛却与中国一样有温和的气候。凡此均说明格陵兰岛古代气候变迁与中国是一致的，而与西欧则不相同。格陵兰岛与中国相距2万余公里，而古代气候变动如出一辙，足以说明这种变动是全球性的。作者认为这是由于格陵兰岛和我国纬度高低不同，但都处在大陆的东缘，虽面临海洋，仍然是大陆性气候，与西欧的海洋性气候所受大气环流影响不相同。加拿大地质调查所在东部安大略省（北纬50°、西经90°）地方用古代土壤中所遗留的孢子花粉研究，得出的结果，也是距今3000年至2500年前有一次寒冷时期；但嗣后又转暖的情况，与中国和格陵兰岛相似。我国涂长望曾研究“中国气温与同时世界浪动之相关系数”，得出结论：中国冬季（12月至2月）温度与北大西洋浪动的相关系数是正的，虽是指数不大，换言之，即中国冬季温度与北美洲大西洋岸冬季温度有类似的变化。总之，地球上气候大的变动是受太阳辐射所控制的，所以，如冰川时期的寒冷是全世界一律的。但气候上小的变动，如年温1℃—2℃的变动，则受大气环流所左右，大陆气候与海洋气候作用不同，在此即可发生影响。

本文主要用物候方法来揣测古气候的变迁。物候是最古老的一种气候标志；用^{18}O和^{16}O的比例来测定古代冰和水的古气温是1947年W. D. Urry的新发现，而两种方法得出的结果竟能大体符合，也证明了用古史书所载物候材料来做古气候研究是一个有效的方法。我们若能掌握过去气候变动的规律，则对于将来气候的长期预报必能有所补益。本文只是初步探讨，对于古气候说明的问题无几，而所引起的问题却不少。我们若能贯彻“古为今用”的方针，充分利用我国丰富的古代物候、考古资料，从古代气候研究中作出周期性的长期预报，只要努力去做，是可以得出结果的。

考古时期（约前3000—前1100）的中国气候①

西安附近的半坡村是一个最为熟知的遗址。根据1963年出版的报告，在1954年秋到1957年夏之间，中国科学院考古研究所在这个遗址上，进行了5个季节的发掘，大约发掘了10000平方米的面积，发现了40多个房屋遗址，200多个贮藏窖，250个左右的墓葬，近10000件的各种人工制造物。根据研究，农业在半坡的人民生活中显然起着主要作用。种植的作物中有小米，可能有些蔬菜；虽然也养猪、狗，但打

① 本文选自《中国近五千年来气候变迁的初步研究》，《考古学报》1972年第1期，有删节。题目为编者所加。

猎、捕鱼仍然是重要的。由动物骨骼遗迹表明，在猎获的野兽中有獐（又名河麂，*Hydropotes inermis*）和竹鼠（*Rhizomys sinensis*）……书中认为，这个遗址是属于仰韶文化（用^{14}C同位素测定为5600—6080年前）；并假定说，因为水獐和竹鼠是亚热带动物，而现在西安地区已经不存在这类动物，推断当时的气候必然比现在温暖潮湿。

在河南省黄河以北的安阳，另有一个熟知的古代遗址——殷墟。它是殷代（约前1400—前1100）故都，那里有丰富的亚化石动物。杨钟健和德日进（P. Teilhar de chardin）曾加以研究，其结果发表于前北京地质调查所报告之中。这里除了如同半坡遗址发现多量的水獐和竹鼠外，还有貘（*Tapirus indicus Cuvier*）、水牛和野猪。这就使德日进虽然对于历史时代气候变化问题自称为保守的作者，也承认有些微小的气候变化了，因为许多动物现在只见于热带和亚热带。

然而对于气候变化更直接的证据是来自殷代具有很多求雨刻文的甲骨文上。在20多年前胡厚宣曾研究过这些甲骨文，发现了下列事实：在殷代时期，中国人虽然使用阴历，但已知道加上一个闰月（称为第13个月）来保持正确的季节；因而一年的第一个月，是现在的阳历的1月或2月的上半月。在殷墟发现10万多件甲骨，其中有数千件是与求雨或求雪有关的。在能确定日期的甲骨中，有137件是求雨雪的，有14件是记载降雨的。这些记载分散于全年，但最频繁的是在一年的非常需要雨雪的前5个月。在这段时间内，降雪很少见。当时安阳人种稻，在第2个月或第3个月，即阳历3月份开始下种；比现在安阳下种要到4月中，大约早一个月。论文又指出，在武丁时代（前1324？—前1365？）的一个甲骨上的刻文说，打猎时获得一象。表明在殷墟发现的亚化石象必定是土产的，不是像德日进所主张的，认为都是从南方引进来的。河南省原来称为豫州，“豫”字就是一个人牵了大象的标志，这是有其含义的。

一个地方的气候变化，一定要影响植物种类和动物种类，只是植物结构比较脆弱，所以较难保存；但另一方面，植物不像动物能移动，因而作气候变化的标志或比动物化石更为有效。对于半坡地层进行过孢子花粉分析，因花粉和孢子并不很多，故对于当时的温冷情况不能有正面的结果，只能推断当时同现在无大区别，气候是半干燥的。1930—1931年，在山东历城县两城镇（北纬35°25′、东经119°25′）发掘龙山文化遗址。在一个灰坑中找到一块炭化的竹节，有些陶器器形的外表也似竹节。这说明在新石器时代晚期，竹类的分布在黄河流域是直到东部沿海地区的。

从上述事实，我们可以假设，自5000年前的仰韶文化以来，竹类分布的北限大约向南后退纬度从1°—3°。如果检查黄河下游和长江下游各地的月平均温度及年平均温度，可以看出正月的平均温度减低3℃—5℃，年平均温度大约减低2℃。某些历史学家认为，黄河流域当时近于热带气候，虽未免言之过甚，但在安阳这样的地方，正月平均温度减低3℃—5℃，一定使冬季的冰雪总量有很大的不同，并使人们很容易觉察。那些相信冰川时期之后气候不变的人是违反辩证法原则的；实际上，历史时期的气候变化同地质时期的气候变化是一样的，只是幅度较小而已。现代的温度和最近的冰川时期，即大约一两万年以前时代相比，年平均温度要温暖到七八摄氏度之多，而历史时期年平均温度的变化至多也不过二三摄氏度而已。气候过去在变，现在也在变，将来也要变。近5000年期间，可以说仰韶和殷墟时代是中国的温和气候时代，当时西安和安阳地区有十分丰富的亚热带植物种类和动物种类。不过气候变化的详细情形，尚待更多的发现来证实。

物候时期（前1100—1400）的中国气候[①]

没有观测仪器以前，人们要知道一年中寒来暑往，就用人目来看降霜下雪、河开河冻、树木抽芽发叶及开花结果、候鸟春来秋往等等，这就叫物候。我国劳动人民，因为农业上的需要，早在周初即公元前11世纪时便开创了这种观测。如《夏小正》、《礼记·月令》均载有从前物候观察的结果。积3000年来的经验，材料极为丰富，为世界任何国家所不能企及。

随着周朝建立（前1066—249），国都设在西安附近的镐京，就来到物候时期。当时官方文件先铭于青铜，后写于竹简。中国的许多方块字，用会意、象形来表示，在那时已形成。由这些形成的字，可以想象到当时竹类在人民日常生活中曾起了如何的显著作用。方块字中如衣服、帽子、器皿、书籍、家具、运动资料、建筑部分以及乐器等名称，都以“竹”为头，表示这些东西最初都是用竹子做成的。因此，我们可以假设在周朝初期气候温暖可使竹类在黄河流域广泛生长，而现在不行了。

---

① 本文选自《中国近五千年来气候变迁的初步研究》，《考古学报》1972年第1期，有删节。题目为编者所加。

气候温和由中国最早的物候观测也可以证实。新石器时期以来，当时居住在黄河流域的各民族都从事农业和畜牧业。对于他们，季节的运行是头等重要的事。当时的劳动人民已经认识到一年的两个“分”点（春分和秋分）和两个“至”点（夏至和冬至），但不知道一个太阳年的年里确有多少天。所以，急欲求得办法，能把春分固定下来，作为农业操作的开始日期。商周人民观察春初薄暮出现的二十八宿中的心宿二，即红色的大火星来固定春分。[①] 别的小国也有用别的办法来定春分的，如在山东省近海地方的郯国人民，每年观测家燕（Hirundo rustica gutturalis）的最初来到以测定春分的到来。《左传》提到郯国国君到鲁国时对鲁昭公说，他的祖先少皞在夏、殷时代，以鸟类的名称给官员定名，称玄鸟为“分”点之主，以示尊重家燕。[②] 这种说法表明，在三四千年前家燕正规地在春分时节来到郯国，郯国以此作为农业开始的先兆。我们现在有物

---

①《左传》襄公九年“晋侯问于士弱曰：吾闻之宋灾，于是乎知有天道，何故？对曰：古之火正，或食于心，或食于咮，以出内火。是故咮为鹑火，心为大火。陶唐氏之火正阏伯，居商丘，祀大火，而火纪时焉。相土因之，故商主大火”。见《春秋左传正义》。

②《左传》昭公十七年：“秋，郯子来朝，公与之宴。昭子问焉，曰：‘少皞氏鸟名官，何故也？’郯子曰：‘吾祖也……我高祖少皞，挚之立也，凤鸟适至，故纪于鸟，为鸟师而鸟名。凤鸟氏，历正也；玄鸟氏，司分者也；伯赵氏，司至者也。’”见《春秋左传正义》。

候观察网，除作其他观察外，也注意家燕的来去。根据近年来的物候观测，家燕近春分时节正到上海，10天至12天之后到山东省泰安等地。郯居于上海与泰安之间。据E. 威尔金森（S. Wilkinson）在他的《上海鸟类》一书中写道："家燕在3月22日来到长江下游、上海一带，每年如此。"显然三四千年前家燕于春分已到郯国，而现在春分那天家燕还只能到上海了。

周朝的气候，虽然最初温暖，但不久就恶化了。《竹书纪年》上记载周孝王时，长江一个大支流汉水有两次结冰，发生于公元前903年和公元前897年。《竹书纪年》又提到结冰之后，紧接着就是大旱。这就表示公元前第10世纪时期的寒冷，《诗经》也可证实这点。相传《诗经·豳风》是周初成王时代（前1063—前1027）的作品，可能在成王后不久写成。豳（邠）的地点据说是一个离西安不远、海拔500米高的地区。当时一年中的重要物候事件，我们可以从《豳风》中的下列诗句中看出来：

> 八月剥枣，十月获稻，
> 为此春酒，以介眉寿。

接着又说：

二之日凿冰冲冲，

三之日纳于陵阴，

四之日其蚤，献羔祭韭，

九月肃霜，十月涤场。

这些诗句，可以作为周朝早期即公元前10世纪和11世纪时代邠地的物候日历。如果我们把《豳风》里的物候和《诗经》其他国风的物候如《召南》或《卫风》里的物候比较一下，就会觉得邠地的严寒。《国风·召南》诗云：“摽有梅，顷筐塈之。”《卫风》诗云：“瞻彼淇奥，绿竹猗猗。”梅和竹均是亚热带植物，足证当时气候之和暖，与《豳风》物候大不相同。这个冷暖差别一部分是由于邠地海拔高的缘故，另一方面是由于周初时期如《竹书纪年》所记载过有一个时期的寒冷，而《豳风》所记正值这寒冷时期的物候。在此连带说一下，周初的阴历是以现今阳历的12月为岁首的，所以《豳风》的八月等于阳历9月，其余类推。①

① 有人以为“周正建子”应与今日阳历相差2个月，但“周正建子”不过是传统的说法。据《豳风》“七月流火”，大火星的位置加以岁差计算，和春秋时日蚀的推算，可以决定周初到春秋初期的历是建丑，而不是建子。参看宋王应麟《困学纪闻》下册第533—534页，1937年世界书局版。

周朝早期的寒冷情况没有延长多久，大约只一两个世纪，到了春秋时期（前770—前481）又和暖了。《春秋》往往提到，山东鲁国过冬，冰房得不到冰；在公元前698年、前590年和前545年时尤其如此。[①]此外，像竹子、梅树这样的亚热带植物，在《左传》和《诗经》中常常提到。

宋朝（960—1279）以来，梅树为全国人民所珍视，称梅为花中之魁，中国诗人普遍吟咏。事实上，唐朝以后，华北地区梅就看不见。可是，在周朝中期，黄河流域下游是无处不有的，单在《诗经》中就有五次提过梅。在《秦风》中有“终南何有？有条有梅”的诗句。终南山位于西安之南，现在无论野生的或栽培的，都无梅树。[②]下文要指出，宋代以来，华北梅树就不存在了。在商周时期，梅树果实“梅子”是日用必需品，像盐一样重要，用它来调和饮食，使之适口（因当时不知有醋）。《书经·说命篇下》说：“若作酒醴，尔唯麹糵；若作和羹，尔唯盐梅。”这说明商周时期梅树不但普遍存在，而且大量应用于日常生活中。

---

① 《春秋》桓公十四年“春正月无冰”；鲁成公元年“春二月无冰”；鲁襄公二十八年“春无冰”。

② 根据陕西武功西北农学院辛树帜等同志的调查。关于本文中西安武功一带物候材料，全系西北农学院同志所供给，特此致谢。

到战国时代（前480—前222），温暖气候依然继续。从《诗经》中所提粮食作物的情况，可以断定西周到春秋时代，黄河流域人民种黍和稷，作为主要食物之用。但在战国时代，他们代之以小米和豆类为生。孟子（约前372—前289）提到只北方部族种黍。这种变化大约主要由于农业生产资料改进之故，例如铁农具的发明与使用。孟子又说，当时齐鲁地区农业种植可以一年两熟。[①] 比孟子稍后的荀子（约前313—前238）证实此事。荀子说，在他那时候，好的栽培家，一年可生产两季作物。[②] 荀子生于现在河北省的南部，但大半时间在山东省工作。近年来直到解放，在山东之南淮河以北习惯于两年轮种三季作物，季节太短，不能一年种两季。[③] 二十四节气是根据战国时代所观测到的黄河流域的气候而定下的。[④] 那时把霜降定在阳历10月24日。现在开封、洛阳（周都）秋天初霜在11月3日到5日左右。[⑤] 雨水节，战国时定在2月21日。现在开

---

①《孟子·告子上》：“今夫麰麦……至于日至之时，皆熟矣。虽有不同，则地有肥硗，雨露之养，人事之不齐也。”并参阅潘鸿声、杨超伯《战国时代的六国农业生产》、《农史研究集刊》第二册第59页，1960年科学出版社出版。

②《荀子·富国篇》：“今是土之生五谷也，人善治之，则亩数盆，一岁而再获之。”见王先谦《荀子集解》，1936年商务印书馆。

③ 根据江苏省1964年气象资料。

④ 根据清刘献廷《广阳杂记》卷三。

⑤ 根据中国科学院地理研究所1962年资料。

封和洛阳一带终霜期在3月22日左右。[①] 这样看来，现在生长季节要比战国时代短。这一切表明，在战国时期，气候比现在温暖得多。

到了秦朝和前汉（前221—23），气候继续温和。相传秦吕不韦所编的《吕氏春秋》书中的《任地篇》里有不少物候资料。清初（1660）张标所著《农丹》书中曾说到《吕氏春秋》云："冬至后五旬七日菖始生。菖者，百草之先生也。于是始耕。今北方地寒，有冬至后六七旬而苍蒲未发者矣。"照张标的说法，秦时春初物候要比清初早3个星期。

汉武帝刘彻时（前140—前87）司马迁作《史记》，其中《货殖列传》描写当时经济作物的地理分布："蜀汉江陵千树橘……陈夏千亩漆，齐鲁千亩桑麻，渭川千亩竹。"按橘、漆、竹皆为亚热带植物，当时繁殖的地方如橘之在江陵，桑之在齐鲁，竹之在渭川，漆之在陈夏，均已在这类植物现时分布限度的北界或超出北界。一阅今日我国植物分布图，便可知司马迁时亚热带植物的北界比现时推向北方。公元前110年，黄河在瓠子决口，为了封堵口子，斩伐了河南淇园的竹子编成为

① 根据中央气象局研究所1955年资料。按战国时代原来所定二十四节气，雨水在惊蛰之后；到前汉才把雨水移到惊蛰之前。但无论如何，目前终雪总在战国时代雨水节之后。汉改雨水、惊蛰先后，见宋王应麟《困学纪闻》第284页。

容器以盛石子，来堵塞黄河的决口。[1]可见那时河南淇园这一带竹子是很繁茂的。

到东汉时代即公元之初，我国天气有趋于寒冷的趋势，有几次冬天严寒，晚春国都洛阳还降霜降雪，冻死不少穷苦人民。但东汉冷期时间不长，当时的天文学家、文学家张衡（78—139）曾著《南都赋》，赋中有“穰橙邓橘”之句，表明河南省南部橘和柑尚十分普遍。直到三国时代曹操（155—220）在铜雀台种橘，只开花而不结果，[2]气候已比前述汉武帝时代寒冷。曹操儿子曹丕，在公元225年到淮河广陵（今之淮阴）视察10多万士兵演习，由于严寒，淮河忽然冻结，演习不得不停止。[3]这是我们所知道的第一次有记载的淮河结冰，那时气候已比现在寒冷了。这种寒冷气候继续下来，每年阴历四月（等于阳历5月）降霜，[4]直到第4世纪前半期达到顶点。在公元366年，渤海湾从昌黎到营口连续3年全部冰

---

① 见《史记·河渠书》。

② 唐李德裕（787—849）《瑞橘赋·序》“昔汉武致石榴于异国，灵根遐布……魏武植朱于铜雀，华，实莫就”云云，见《李文饶文集》卷二十。

③ 见《三国志·魏书·文帝纪》：黄初六年（225）“冬十月，行幸广陵故城，临江观兵，戎卒十余万，旌旗数百里。是岁大寒，水道冰，舟不得入江，乃引还”。

④ 见《晋书·五行志》下，并参看《古今图书集成·历象汇编·庶征典》卷一〇三至一〇六。

冻，冰上可以来往车马及三四千人的军队。[①] 徐中舒曾经指出汉晋气候不同，那时年平均温度大约比现在低2℃—4℃。

南北朝（420—589）期间，中国分为南北，以秦岭和淮河为界。因南北战争和北部各族之间的战争不断发生，历史记载比较贫乏。南朝在南京覆舟山建立冰房是一个有气候意义的有趣之事。冰房是周代以来各王朝备有的建筑，用以保存食物新鲜使其不致腐烂的。南朝以前，国都位于华北黄河流域，冬季建立冰房以储冰是不成问题的，但南朝都城在建业（今南京），要把南京覆舟山的冰房每年装起冰来，情形就不同了。问题是冰从何处来？当时黄淮以北是敌人地区，不可能供给冰块；人工造冰的方法，当时还不可能；如果南京冬季温度像今天一样，南京附近的河湖结冰时间就不会长，冰块不够厚，不能储藏。在1906—1961年期间，南京正月份平均温度为+2.3℃，只有1930年、1933年和1955年3年降低到0℃以下。因此，如果南朝时代南京的覆舟山冰房是一个现实，那么南京在那时的冬天要比现在大约冷2℃，年平均温度比现在低1℃。

大约在公元533—544年，北朝的贾思勰写了一本第6世纪时代的农业百科全书《齐民要术》，很注意当时他那地区的物

① 见司马光《资治通鉴》卷九十五，晋成帝咸康二年纪事。

候性质。他说：“凡谷：成熟有早晚，苗秆有高下，收实有多少……顺天时，量地利，则用力少而成功多。任情返道，劳而无获。”① 这本书代表了六朝以前中国农业最全面的知识。近来的中国农业家和日本学者都很重视这本书。贾思勰生于山东，他的书是记载华北——黄河以北的农业实践。根据这本书，阴历三月（阳历4月中旬）杏花盛开；阴历四月初旬（约阳历5月初旬）枣树开始生叶，桑花凋谢。如果我们把这种物候记载同黄河流域近来的观察作一比较，就可认清第6世纪的杏花盛开和枣树出叶迟了2—4周，与现今北京的物候大致相似。关于石榴树的栽培，这本书说：“十月中以蒲藁裹而缠之，不裹则冻死也。二月初乃解放。”② 现在在河南或山东，石榴树可在室外生长，冬天无需盖埋，这就表明6世纪上半叶河南、山东一带的气候比现在冷。

第6世纪末至第10世纪初，是隋、唐（589—907）统一时代。中国气候在第7世纪的中期变得和暖，公元650年、669年和678年的冬季，国都长安无雪、无冰。第8世纪初期，梅树生长

① 见《齐民要术·种谷》第6页，参见《齐民要术今释》第一分册第30页，1958年科学出版社出版。

② 见《齐民要术·种安石榴》第57页，参见《齐民要术今释》第二分册第270页，1958年科学出版社出版。

于皇宫。唐玄宗李隆基时（712—756），妃子江采苹因其所居种满梅花，所以称为梅妃。[①] 第9世纪初期，西安南郊的曲江池还种有梅花。诗人元稹（779—831）《和乐天秋题曲江》诗，就谈到曲江的梅。[②] 与此同时，柑橘也种植于长安。唐朝大诗人杜甫（712—770）《病橘》诗，提到李隆基种橘于蓬莱殿。[③] 段成式（？—863）《酉阳杂俎》（卷十八）说，天宝十年（751）秋，宫内有八株柑树结实150颗，味与江南蜀道进贡柑橘一样。唐乐史《杨太真外传》说得更具体。他说，开元末年江陵进柑橘，李隆基种于蓬莱宫。天宝十年九月结实，宣赐宰臣150多颗。[④] 武宗李瀍在位时（841—847），宫中还种植柑橘，有一次橘树结果，武宗叫太监赏赐大臣每人3个橘子。[⑤] 可见从8世纪初到9世纪中期，长安可种柑橘并能结果实。应该注意到，柑橘只能抵抗－8℃的最低温度，梅树只能抵抗－14℃的最低温度。在1931年至1950年期间，西安的年绝对最低温度每年降到－8℃以下，

---

① 见唐曹邺《梅妃传》、《说郛》卷三十八。

② 《元微之长庆集》卷六《和乐天秋题曲江》诗云：“十载定交契，七年镇相随。长安最多处，正是曲江池。梅杏春尚小，菱荷秋亦衰……”并见《全唐诗》卷四〇一。

③ 见清仇兆鳌《杜少陵集详注》卷十。

④ 见唐乐史《杨太真外传》、《说郛》卷三十八。

⑤ 见唐李德裕《瑞橘赋·序》、《李文饶文集》卷二十。

20年之中有3年（1936年、1947年和1948年）降到－14℃以下。梅树在西安生长不好，就是这个原因，用不着说橘和柑了。

唐灭亡后，中国进入五代十国时代（907—960）。在此动乱时代，没有什么物候材料可以作为依据。直到宋朝（960—1279）才统一起来，国都建于河南省开封。宋初诗人林逋（967—1028）隐居杭州以咏梅诗而得名。梅花因其一年中开花最早，被推为花中之魁首，但在11世纪初期，华北已不知有梅树，其情况与现代相似。梅树只能在西安和洛阳皇家花园及富家的私人培养园中生存。著名诗人苏轼（1037—1101）在他的诗中，哀叹梅在关中消失。苏轼咏杏花诗有“关中幸无梅，赖汝充鼎和”[①]之句。同时代的王安石（1021—1086）嘲笑北方人常误认梅为杏，他的咏红梅诗有“北人初未识，浑作杏花看”[②]之句。从这种物候常识，就可见唐、宋两朝温寒的不同。

12世纪初期，中国气候加剧转寒，这时，金人由东北侵入华北代替了辽人，占据淮河和秦岭以北地方，以现在的北京为国都。宋朝（南宋）国都迁杭州。公元1111年第一次记载江苏、浙江之间拥有2250平方公里面积的太湖，不但全部结冰，

---

① 见《苏东坡集》第四册第86页《杏》，商务印书馆“国学基本丛书”本。

② 见《王荆文公诗》卷四十《红梅》，并参阅宋李壁《王荆文公诗笺注》，1958年中华书局版。

且冰的坚实足可通车。[①] 寒冷的天气把太湖洞庭山出了名的柑橘全部冻死。在国都杭州降雪不仅比平常频繁，而且延到暮春。根据南宋时代的历史记载，从公元1131年到1260年，杭州春节降雪，每10年降雪平均最迟日期是4月9日，比12世纪以前10年最晚春雪的日期差不多推迟一个月。公元1153年至1155年，金朝派遣使臣到杭州时，靠近苏州的运河，冬天常常结冰，船夫不得不经常备铁锤破冰开路。[②] 公元1170年南宋诗人范成大被派遣到金朝，他在阴历九月九日即重阳节（阳历10月20日）到北京，当时西山遍地皆雪，他赋诗纪念。[③] 苏州附近的南运河冬天结冰，和北京附近的西山阳历10月遍地皆雪，这种情况现在极为罕见，但在12世纪时似为寻常之事。

第12世纪时，寒冷气候也流行于华南和中国西南部。荔枝是广东、广西、福建南部和四川南部等地广泛栽培的果树，是具有很大经济意义的典型热带果实之一。荔枝来源于热带，比柑

---

① 见元陆友仁《砚北杂志》卷上、《宝颜堂秘笈》普集第八。

② 金蔡珪《撞冰行》：“船头傅铁横长锥，十十五五张黄旗。百夫袖手略无用，舟过理棹徐徐归。吴侬笑向吾曹说：‘昔岁江行苦风雪，扬锤启路夜撞冰，手皮半逐冰皮裂。’今年穷腊波溶溶，安流东下闲篙工。江东贾客借余润，贞元使者如春风。”见金元好问编《中州集》卷一，1962年中华书局版。

③《范石湖集》卷十二《燕宾馆》诗自注：“至是适以重阳……西望诸山皆缟，云初六日大雪。”

橘更易为寒冷气候所冻死，它只能抵抗－4℃左右的最低温度。1955年正月上旬，华东沿海发生一次剧烈寒潮，使浙江柑橘和福建荔枝遭受到很大灾害。根据李来荣写的《关于荔枝、龙眼的研究》一书，福州（北纬26°42′、东经119°20′）是中国东海岸生长荔枝的北限。那里的人民至少从唐朝以来就大规模地种植荔枝。1000多年以来，那里的荔枝曾遭到两次全部死亡：一次在公元1110年，另一次在公元1178年，均在12世纪。

唐朝诗人张籍（765—约830）《成都曲》一诗，诗云："锦江近西烟水绿，新雨山头荔枝熟。"[①]说明当时成都有荔枝。宋苏轼时候，荔枝只能生于其家乡眉山（成都以南60公里）和更南60公里的乐山，在其诗中及其弟苏辙的诗中都有所说明。南宋时代，陆游（1125—1210）和范成大（1126—1193）均在四川居住一些时间，对于荔枝的分布极为注意。从陆游的《老学庵笔记》诗中和范成大所著《吴船录》书中所言，[②]第12世纪，四川眉山已不生荔枝。作为经济作物，只乐

---

① 见《全唐诗》卷三八二。按宋陆游《老学庵笔记》卷五云："张文昌《成都曲》云：'锦江近西烟水绿，新雨山头荔枝熟。万里桥边多酒家，游人爱向谁家宿。'此未尝至成都者也。成都无山亦无荔枝。苏黄门诗云：'蜀中荔枝出嘉州，其余及眉半有不。'"陆游只知道宋时成都无荔枝，但并不能证明唐代成都也无荔枝。

② 参见陆游《老学庵笔记》和范成大《吴船录》。

山尚有大木轮围的老树。荔枝到四川南部沿长江一带如宜宾、泸州才大量种植。现在眉山还能生长荔枝，然非作为经济作物。苏东坡公园里有一株荔枝树，据说约100年了。现在眉山市场上的荔枝果，是来自眉山之南的乐山以及更为东南方的泸州。由此证明，今天的气候条件更像北宋时代，而比南宋时代温暖。从杭州春节最后降雪的日期来判断，杭州在南宋时候（12世纪），4月份的平均温度比现在要冷1℃—2℃。

第12世纪刚结束，杭州的冬天气温又开始回暖。在公元1200年、1213年、1216年和1220年，杭州无任何的冰和雪。在这时期著名道士邱处机（1148—1227）曾住在北京长春宫数年，于公元1224年寒食节作《春游》诗云："清明时节杏花开，万户千门日往来。"①可知那时北京物候正与北京今日相同。这种温暖气候好像继续到13世纪的后半叶，这点可从华北竹子的分布得到证明。隋唐时代，河内（今河南省博爱）、西安和凤翔（陕西省）设有管理竹园的特别官府衙门，称为竹监司。南宋初期，只凤翔府竹监司依然保留，河内和西安的竹监司因无生产取消了。②元朝初期（1268—

---

① 元李志常撰《长春真人西游记》卷一第38页，见"榕园丛书"本。

② 宋乐史《太平寰宇记》卷三十，"凤翔府·司竹监"条："又按汉官有司竹长丞，魏晋河内园竹各置司宇之官。江左省，后魏有司竹都尉。北齐后周俱阙。隋有司竹监及丞，唐因之，在京北、鄠、盩厔、怀州、河内。皇朝唯有鄠、盩厔一监，属凤翔。"

1292），西安和河内又重新设立“竹监司”的官府衙门，就是气候转暖的结果。但经历了一个短时间又被停止，[①]只有凤翔的竹类种植继续到明代初期才停。[②]这一段竹的种植史，表明14世纪以后即明初以后，竹子在黄河以北不再作为经济林木而培植了。

13世纪初和中期比较温暖的期间是短暂的，不久，冬季又严寒了。根据江苏丹阳人郭天锡日记，公元1309年正月初，他由无锡沿运河乘船回家途中运河结冰，不得不离船上岸。[③]公元1329年和1353年，太湖结冰，厚达数尺，人可在冰上走，橘尽冻死。这是太湖结冰记载的第二次和第三次。[④]蒙古族诗人迺贤（1309—1352）的诗集中，有一首诗描述1351年山东省白茅黄河堤岸的修补和同年阳历11月冰块顺着黄河漂流而下，以致干扰修补工作。[⑤]黄河流域水利站近年记载表明，河南和山

---

① 《元史·食货志》：至元二十九年（1292）“怀（庆）、孟（津）竹课，频年斫伐已损，课无所出”云云。

② 见陕西《盩厔县志·古迹》，清乾隆时修。

③ 元《郭天锡日记》，浙江省图书馆有手录稿，仅存公元1309年冬天两个月的日记。见《知不足斋丛书》第一集。

④ 见元陆友仁《砚北杂志》卷上。

⑤ 元迺贤《金台集》（见《诵芬室所刊书》）集二，《新隄谣》记述至正十一年（1351）河决白茅，泛滥千余里，人民流离失所惨况，乃作此歌。中有“大臣杂议拜都水，设官开府临青徐，分监来时当十月，河冰塞川天雨雪，调夫十万筑新堤，手足血流肌肉裂，监官号令如雷风，天寒日短难为功”云云。

东到12月时，河中才出现冰块。可见迺贤时黄河初冬冰块出现要比现在早一个月。

迺贤居住北京数年，在他的关于家燕的一首诗中，① 慨叹家燕不过是一个暂时的过客，“三月尽（阳历4月末）方至，甫立秋（阳历8月6—7日）即去”，停留那样短的时间，同现在的物候记载相比来去各短一周。从上述的物候看来，14世纪又比13世纪和现时为冷。第13、14世纪时期，我国物候的变迁和日本樱花物候又是相符合的。

气候的寒温也可以从高山顶上的雪线高低来断定。气候冷，雪线就要降低。在12、13世纪时，我国西北天山的雪线似乎比现在低些。《长春真人西游记》记述邱处机应成吉思汗邀请，由山东经内蒙古、新疆到撒马尔罕，于公元1221年10月8日（阳历）路过三台村附近的赛里木湖。邱处机在游记中说：“大池方圆几二百里，雪峰环之，倒影池中，名之曰天池。”② 这个湖的海拔高度是2073米，而围绕湖的最高峰大约再高出1500米。作者于1958年9月14日和16日两次途经赛里木湖时，直至山顶并无积雪。当前，天山这部分雪线位于3700米至4200米之间。考虑到邱过这

① 见《京城燕》诗，自注云：“京城燕子，三月尽方至，甫立秋即去。”并见陈衍辑《元诗纪事》卷十八。

② 元李志常撰《长春真人西游记》卷一第16页，见“榕园丛书”本。

个地方时的季节，如山顶已被终年雪线所盖，则当时雪线大约比现在较低200米到300米。中国地貌工作者，近年来在天山东段海拔3650米高处，发现完全没有被侵蚀、看来好像是最近新留下来的终碛石。这可能是第12世纪到18世纪的寒冷时代所遗留，即西欧人所谓的现代“小冰期”。中国12、13世纪（南宋时代）的这个寒冷期，似乎预见欧洲将要在下一两个世纪出现寒冷。依据布钦斯基（У. Е.Бучиискии）的研究，在欧洲部分的俄罗斯平原，寒冷期约在公元1350年开始；在欧洲中部的德意志、奥地利地区，弗隆（H.Flohn）以为公元1429年到1465年是气候显然恶化的开始；在英格兰，拉姆（H.H.Lamb）以为公元1430年、1550年和1590年英国饥荒，都因天气寒冷所致。由此可见，中国的寒冷时期，虽未必与欧洲一致、同始同终，但仍然休戚相关。可能寒冷的潮流开始于东亚，而逐渐向西移往西欧。

方志时期（1400—1900）的中国气候①

到了明朝（1368—1644）即14世纪以后，由于各种诗文、史书、日记、游记的大量出版，物候的材料散见各处，即使搜集很少一部分已非一人精力所能及。幸而此种材料大多收集在各省、各县编修的地方志中。我国地方志有5000多种。这些地方志，除仪器测定的气候记录外，对于一个地区的气候提供了很可靠的历史资料。

各种气候天灾中，我们以异常的严冬作为判断一个时期的气候标准。如平常年里不结冰的河湖结了冰，这是异常的事情。全世界在热带的平原上是看不到冰和雪的，一旦热带平原冬天下雪结冰，这也是异常的事情。本节所讨论的就是这两种异常气候的出现。中国三个最大的淡水湖是，鄱阳湖面积为5100平方公里，洞庭湖为4300平方公里，太湖为3200平方公里。这三个湖均与长江相连。鄱阳湖和洞庭湖位于北纬29°左右，太湖位于北纬31°—31°30′之间。对于河流冰冻，我们以江苏省盱眙的淮

---

① 本文选自《中国近五千年来气候变迁的初步研究》，《考古学报》1972年第1期，有删节。题目为编者所加。

河和湖北省襄阳的汉水为标准。南京地理研究所徐近之曾经根据这些河湖周围地区的方志作了长江流域河湖结冰年代的统计和近海平面的热带地区降雪落霜年数的统计，两种统计一共用了665种方志。对于热带地区的降雪只参考了广东省和广西壮族自治区的方志，云南热带地区因海拔太高不包括在内。

500年（1400—1900）中我国的寒冷年数不是均等分布的，而是分组排列。温暖冬季是在公元1550—1600年和1770—1830年间。寒冷冬季是在公元1470—1520年、1620—1720年和1840—1890年间。以世纪分，则以17世纪为最冷，共14个严寒冬天；19世纪次之，共有10个严寒冬天。

上面我们只谈到15世纪到19世纪期间冬季的相对寒冷，下面准备说一下这段期间的气候变化对于人类和动植物的影响。在这个期间，有一件事似乎是很清楚的，即这个500年（1400—1900）的最温暖期间内，气候也没有达到汉、唐期间的温暖。汉、唐时期，梅树生长遍布于黄河流域。在黄河流域的很多方志中，有若干地方的名称是为了纪念以前那里曾有梅树而命名的。例如陕西鄜县（北纬36°、东经109°20′）西北30余里有梅柯岭，因唐时有梅树故名。[①]山东平度（北纬36°48′、东经

① 见《鄜州志·山川》，清道光时修。

119°54′）的州北7里有一小山，称为荆坡，据说曾种了满山梅树。[①] 目前鄌州、平度均无梅。河南郑州（北纬34°50′、东经113°40′）西南30里有梅山，高数十仞，周数里，闻往时多梅花故名。[②] 现已无梅。解放后，郑州市人民政府在郑州人民公园栽种梅树已获得成功。郑州在1951年至1959年期间，每年绝对最低温度在－14℃以上，可以说是目前梅树的最北极限。

在这500年间，我国最寒冷期间是在17世纪，特别以公元1650—1700年为最冷。例如唐朝以来每年向政府进贡的江西省橘园和柑园，在公元1654年和1676年的两次寒潮中，完全毁灭了。[③] 在这50年期间，太湖、汉水和淮河均结冰4次，洞庭湖也结冰3次。鄱阳湖面积广大，位置靠南，也曾经结了冰。我国的热带地区，在这半世纪中，雪冰也极为频繁。

在这500年间，我国物候材料浩繁，非本文所能总结。为了与14世纪以前的物候材料作比较，这里只选择最冷的17世纪的两种笔记中所见的物候材料加以论述。一种是《袁小修日

---

① 见《莱州府志·山川》，清乾隆时修；并见《平度州志·山川》，清道光时修。

② 见《郑州志·舆地志》“山川”条。

③ 见叶梦珠编《阅世编》，载叶静渊《中国农学遗产选集》上编第45页，四类第十四种“柑橘”。

记》，[1]明万历三十六年至四十五年（1608—1617）间，袁小修留居湖北沙市附近的日记；另一种是清杭州人谈迁著的《北游录》，[2]叙述公元1653年至1655年3年间在北京的所见所闻。这两本书，详细记载了桃、杏、丁香、海棠等春初开花的日期。从这两个人的记载，我们可以算出袁小修时的春初物候与今日武昌物候相比要迟7天到10天；谈迁所记北京物候与今日北京物候相比也要迟一两个星期。更可注意的是，17世纪中叶，天津运河冰冻时期远较今日为长。公元1653年，谈迁从杭州来北京，于阳历11月18日到达天津时，运河已冰冻；到11月20日，河冰更坚，只得乘车到北京。公元1656年，阳历3月5日，谈迁由京启程返杭时，北京运河开始解冻。根据谈迁的记述，可知当时运河封冻期一年中共有107天之久。水利电力部水文研究所整理了1930年至1949年天津附近杨柳青站所做的记录，这20年间，运河冰冻平均每年只有56天，即封冻平均日期为12月26日，开河平均日期为2月20日。而据谈迁《北游录》所说，那时北京运河开河日期是在惊蛰，即阳历3月6日，比现在要迟12天。从物候的迟早，可以算出两个时间温度的差别，据

① 袁中道《袁小修日记》，1935年上海杂志公司重印。

② 谈迁《北游录》，1960年中华书局版。

物候学上“生物气候学定律”：春初，在温带大陆东部，纬度差一度或高度差100米则物候差4天，这样就可从等温线图中标出北京在17世纪中叶冬季要比现在冷2℃之谱。

三　顺应天时

顺天时，救民疾①

在埃及、印度、希腊、中国历史上，天文学知识之应用与发展，均可溯至远古。盖在北纬30° 左右，无论人民之职业为渔猎、游牧或农耕，若不知一岁中寒暑雨旸之循环，则衣食住行均将发生问题。《诗·豳风》："七月流火，九月授衣，一之日觱发，二之日栗烈，无衣无褐，何以卒岁。"此我国古代以天文知识而定授衣季节之证。诗《鄘风》："定之方中，作于楚宫，揆之以日，作于楚室。"按定即今二十八宿中营室与东壁二宿，在周代于秋季黄昏后，正当南中，时农事已毕，正

① 本文选自《二十八宿起源之时代与地点》，该文原载于《思想与时代》1944年第34期，收入《竺可桢文集》（科学出版社1979年版）时，据作者生前亲笔改本。收入本书时，从改本，题目为编者所加。

可有暇从事于土木也。《左传》：“天根见而成梁。”《国语》：“天根见而水涸。”天根氐也，在春秋战国时代于秋分左右黄昏时东升故云，至于五谷之种植收获，在古代尤须依赖天象。《史记》卷一百三十云：“夫阴阳四时八位十二度二十四节，各有教令，顺之者昌，逆之者不死则亡，未必然也。故曰使人拘而多畏。夫春生、夏长、秋收、冬藏，此天道之大经也。弗顺则无以为天下之纲纪，故四时之大顺，不可失也。”我国古代，以春季黄昏大火即心宿二之东升，为一年中大典。《周礼夏官》：“季春火星始见，出之以宣其气；季秋火星始伏，纳之以息其气。”《左传》昭公十七年：“梓慎曰，火出于夏为三月，于商为四月，于周为五月。”《公羊传》昭公十七年：“大辰者何，大火也。大火为大辰，伐为大辰，北极亦为大辰。”何休注云：“大火为心星，伐为参星，大火与伐所以示民时之早晚”云云。从《史记》、《历书》更可以知古代设专官以司大火之见与伏，《史记》卷二十六太史公曰：“少皞氏之衰也，九黎乱德，民神杂扰，不可放物，祸灾荐至，莫尽其气。颛顼受之，乃命南正重司天以属神，火正厉司地以属民。”《左传》亦有：“古之火正，谓火官也……火以顺天时，救民疾。”综上所述，足知古代人民之蕲求天文知识实由于需要迫切，犹之饥之求食、渴之求饮，自历法厘定、历书通行以后，一般人之天文知识乃反因以没落矣。西方古代民族，虽其环境不同于我国，然其渴求星象之知识，一如我国周秦以前之状态。埃及金字塔之建造，即与星象有关。埃及以参为大辰，农事之作息，以参之见伏为依归。尼罗河之洪流适与古代天狼星之晨升季候相合，在阳历夏至前后，故在埃及天狼晨升为重要之节候。印度天文学之开端，亦在邃古。我国有二十八宿，印度亦有二十八宿，即埃及、波斯、阿拉伯亦有二十八宿。

中国之节气①

四季之递嬗，中国知之极早，二至、二分，已见于《尚书·尧典》，即今日之春分、秋分、夏至、冬至是也。降及战国、秦、汉之间，遂有二十四节气之名目。所谓二十四节气者，即立春、雨水、惊蛰、春分、清明、谷雨、立夏、小满、芒种、夏至、小暑、大暑、立秋、处暑、白露、秋分、寒露、霜降、立冬、小雪、大雪、冬至、小寒、大寒是也。自立春至立夏为春，自

① 本文选自《论新月令》，原系1931年5月9日在气象研究所讨论会上演讲稿，后刊载于《中国气象学会会刊》1931年第6期。

立夏至立秋为夏，自立秋至立冬为秋，自立冬至立春为冬，每季分三气、三节，每月定一气、一节。四季之安排，法莫善于此者，此所以宋儒沈括赞扬之于先，而今日气象学家泰斗英人肖纳伯（Napier Shaw）氏且提倡欧美之采用此法也。

二十四节气全部之名称，始见于《淮南子·天文篇》。《汲冢周书·时训解》虽亦有二十四节气之名，唯后儒王应麟等均疑此书为东汉人伪托，非周公之旧。此外《大戴礼记·夏小正》已有启蛰、雨水等名称，《国语》楚范无宇曰："处暑之既至，韦昭注七月也。"《管子》亦有清明、大暑、小暑、始寒、大寒之语，特古历惊蛰在雨水之前，谷雨在清明之前。《左传》桓公五年启蛰而郊，注蛰夏正建寅之月。郑康成《月令注》亦曰："《夏小正》正月启蛰，至汉初仍以启蛰为正月气，后因避景帝讳而改名惊蛰，故汉初惊蛰犹在雨水之前。"惊蛰、雨水及谷雨、清明之倒置，邢昺谓始于刘歆之三统历，顾宁人则谓始于《李梵编诉》之四分历；[①]《淮南子》与《逸周书》均已先雨水而后惊蛰；至新、旧《唐书》，则又先惊蛰后雨水；至《宋史》始，雨水在前，惊蛰在后。

---

① 顾炎武《日知录》卷三十，雨水条下；又《观象丛报》第一卷《晓窗随笔》第8页。

中国古代之月令[1]

月令气候详于《夏小正》、《吕览》、《礼记》及《淮南子》诸书，虽互有出入，唯均以月为主，如孟春之蛰虫始振，仲春之桃始花是也。《逸周书·时训解》始以五日为一候，分年为七十二候，乃不以月而以节气为标准。如立春之日，东风解冻；又五日，蛰虫始振；又五日，鱼上冰；雨水之日，獭祭鱼；又五日，鸿雁来；又五日，草木萌动。惊蛰之日，桃始华；又五日，仓庚鸣；又五日，鹰化为鸠；春分之日，玄鸟至；又五日，雷乃发声；又五日，始电等。北魏时始以七十二候颁为时令，考《魏书》所载“立春三候，鸡始乳，东风解冻，蛰虫始振；雨水三候，鱼上冰，獭祭鱼，鸿雁来；惊蛰三候，始雨水，桃始花，仓庚鸣；春分三候，鹰化为鸠，玄鸟至，雷乃发声”等，则较《夏小正》、《月令》、《逸周书》迟一候或数候。以桃始花而论，《周书》以为惊蛰初候，《魏书》则以为惊蛰次候，而《夏小正》则在孟春之月，又《魏书》以电始见，蛰虫咸动，蛰虫启户，为清明之三候，而《月令》则在仲春之月。此分候之先后，

① 本文选自《论新月令》，原载于《中国气象学会会刊》1931年第6期。

以取制之不同，抑因地域、气候之有变迁，实有俟于考证。《隋书志》同《魏书》、《唐书志》[①]所载分候，则系开元时一行所定之大衍术，多从《逸周书》。《宋史志》同《元史志》微有更动，自元及清，通书所载，类皆因袭无异也。经史而外，古人之记录物候者，代有其人，如崔实之《四民月令》、娄元礼之《田家纪历撮要》、梁章钜之《农候杂占》、程羽文之《花历》等不可枚举，但古人所记，大抵因袭经、史或指一地一时而言，其能别纬度南北、地形高下、时代先后者盖鲜。唐宋之问《寒食陆浑别业》诗："洛阳城里花如雪，陆浑山中今始发。"又白乐天游大林寺诗："人间四月芳菲尽，山寺桃花始盛开。"此则言地形高下之别也。北宋沈括《梦溪笔谈》谓"土气有早晚，天时有愆伏……岭峤微草，凌冬不凋，并汾乔木，望秋先陨，诸越则桃李冬实，朔漠则桃李夏荣，此地气之不同也"。[②]明谢在杭则谓"闽距京师七千余里，闽以正月桃花开，而京师以三月桃花开，气候相去两月有余，然则自闽而更南，自燕而更北，气候差殊，复何纪极"，[③]此则言纬度南北之分也。陆放翁《老学庵笔

① 秦嘉谟《月令粹编》卷二十三，《月令考》第17—29页，嘉庆王申琳琅仙馆版。

② 见沈括《梦溪笔谈》卷二十六。

③ 见陈留、谢肇淛《五杂俎》卷一。

记》引杜子美雨诗云："南京犀浦道，四月熟黄梅。湛湛长江水，冥冥细雨来。芳茨疏易湿，云雾密难开。竟日蛟龙喜，盘涡与岸回。"盖成都所赋也。今成都乃未尝有梅雨，唯秋半积阴气之蒸溽，与吴中梅雨时相类耳，岂古今地气有不同耶？[①]元金履祥根据《礼记·月令》疑古者阳气独盛，启蛰独早，[②]此则指各时代气候月令之有变迁也。但古代搜集各地各时代物候之富，当推清代之刘延献、全祖望《刘继庄传》，曰"诸方七十二候，各各不同，如岭南之梅，十月已开，桃李腊月已开，而吴下梅开于惊蛰，桃李开于清明，相去若是之殊，今世所传七十二候，本诸月令，乃七国时中原之气候，今之中原已与七国之中原不合，则历差为之。今于南北诸方，细考其气候，取其核者，详载之为一，传之后世，则天地相应之变迁，可以求其微矣"云云。[③]惜乎继庄之书，除《广阳杂记》而外，均不传于世，而其对于月令气候之研究，今亦无可考矣。

① 陆务观《老学庵笔记》卷六，按蜀中现时亦秋雨多而春雨少，与长江下游不同，而与放翁所云乃适合。

② 秦嘉谟《月令粹编》卷二十三，"月令孟春之蛰虫始振"句注下。

③ 全望祖《刘继庄传》，见《广阳杂记》后……商务印书馆。

月离于毕俾滂沱兮[1]

《诗·小雅》“月离于毕俾滂沱兮”，其说颇费解。西人爱特根著《中国天文学与星占学起源于巴比伦》一文，其重要理由之一，即谓西方毕（Hyades）为雨神，以其在巴比伦、埃及一带。5000年前春分前后大雨降临，正值毕宿朝觌之时。而中国之大雨滂沱与毕宿有何关系，百思不得其解，故以为此种传说，中国乃得诸西方。同时金斯米尔亦认为毕为雨兆，在中国为不可理解之事。同时箕星好风，亦为数千年来之谜。其说源于《书经·洪范》：“庶民唯星，星有好风，星有好雨，日月之行，则有冬夏，月之从星，则有风雨。”自两汉以来，阴阳五行之毒深中人心，故一切天象气候之循环交替，悉以玄妙不可通之术语解释之。《前汉书》卷二十六《天文志》：“箕星为风，东北之星也……月去中道，移而东北入于箕……则多风。西方为雨，雨少阴之位也。月失中道移而西入毕则多雨。”《诗经》所言天象，均系农夫、村妇口吻歌咏粗浅之谣

---

① 本文选自《二十八宿起源之时代与地点》，见《竺可桢文集》，科学出版社1979年版。

谚，如“三星在户”、“七月流火”之类。一经后儒解释，望文生义，乃纠缠不清矣。薛莱格《星辰考源》第522页谓箕星好风，非箕好风，乃箕为风兆也。因引天元历理“古人观象以立法，后人为法以求象”之语，[①]真可谓切中肯綮矣。但薛莱格解释毕为雨兆，箕为风兆亦不得要领，因氏以我国与西方同以星之朝觌为标准。不知《洪范》明明谓：“月之从星，则以风雨。”而《诗经》谓：“月离于毕”，月乃望月非新月也。离作丽解，即《管子·五行篇》“经纬星历，以视其离”之意也。实际箕星好风、毕星好雨之理，乃我国古代秋初月望时，月在毕，春分月望 时；月在箕，而春月多风、秋初多雨之故。按毕之赤经现时为4时23分，故小雪月望在毕，6000余年前，处暑月望在毕矣。箕之赤经现为18小时，夏至月望在箕，6000余年前，春分月望在箕矣。我国大雨时期，长江流域在阳历9月，黄河下游在7月，而陕西、山西则在8月，即秋初。至于风力，则全国均以春分前后为最大。我国古代人民对于风雨之时期，知之甚稔，《吕览》卷十九《贵信篇》云：“天行不信，不能成岁；地行不信，草木不大。春之德风，风不信，其花不

---

① 薛莱格对于毕为雨兆、箕为风兆之解释，见《星辰考源》第164页及368页。

盛。夏之德暑，暑不信，其土不肥。秋之德雨，雨不信，其谷不坚。冬之德寒，寒不信，其地不刚。”《周礼》卷六《春官宗伯下》：“冯相氏掌十有二岁，十有二月，十有二辰，十日，二十有八星之位。辨其叙事，以会天位。冬夏致日、春秋致月，以辨四时之叙。”则所谓箕风、毕雨者，岂非春秋致月之谓乎？

谈阳历和阴历的合理化①

梁思成先生在9月23日的《人民日报》上提出一个合理化建议，要把现用案头日历上的节气如立春、立秋等从下半页移到上半页去，这倒是一个可以商讨的问题。

思成先生说做日历的人这样把节气放在下半页，是有点“故弄玄虚”，对这点我是有不同意见的。据我个人推想，日历上之所以这样安排，无非是一种传统的习惯。譬如今天是10月30日，日历上面是“—1963—，十月大，30，星期三”，这统是西洋历法传进来的数据，可说是新历。下面是“癸卯年，十四

① 本文原载于《人民日报》1963年10月30日，文中所叙述的主导思想，作者于《科学》1922年第7卷第6期上有一篇详细文章（《改良阳历之商榷》）可以参阅——编者。

（日），九月大，九月二十三立冬”，这统是中国固有的东西，是旧历。我们要知道，中国旧历是一个阴阳并用历，不是纯粹的阴历。西洋人只知有夏至、冬至、春分、秋分，没有立春、立秋、寒露、霜降等名目。因为他们根本不知道有所谓二十四节气。从公元前46年，罗马恺撒建立阳历以来，除稍改动外，西洋各国应用已达2000年之外，一年中春、夏、秋、冬四季统以太阳为转移，所以西洋也没有二十四节气的需要。只有我们旧历以阴历为主，所以才有附设二十四节气的必要，以使农民及时地知道清明下种、谷雨栽秧，所以日历如此安排并不是故弄玄虚。

为了进一步商讨，我们不能不简单地谈一谈新历 和旧历的发展过程。

从历法的发展史来看，所有古老文化的国家如埃及、巴比伦、印度、希腊、罗马和我国，最初统是用阴历的。因为月亮的盈亏朔望周期非常明显，所以把29天或30天称为一个月，把12个月称为一年，便成为古老国家最初的年历。但是阴历一月之长，即月亮绕地球周期约为29天半；而太阳年一年之长，即地球绕日的周期约为365天又四分之一日。如以12个月为一年，只有354天或者355天，与太阳年相差几乎11天。过10多年，就有6月降霜下雪、腊月挥扇出汗、冬夏倒置的毛病。古代国家农业慢慢地发展以后，就发现纯粹用阴历历法、月份和春、夏、秋、冬四季，农业节候配合不上，为了解决这阴、阳历的矛盾，古代有两种办法：一种办法是放弃阴历月亮盈亏作为计算月份方法，而以太阳回归年即365又四分之一天为一年，把年分为12个月，平年365天，闰年366天，4年一闰。这是公元前46年西洋罗马所采取的办法。另一办法是找出阳历年的日数和阴历月的日数两者之间的最小公倍数，这就是我国古代颛顼历的十九年七闰的办法。因为阴历的235个月的日数却等于19个阳历年的日数。据日本天文学家新城新藏的考据，十九年七闰的办法是我国春秋时代已经应用的。我们古代从早的颛顼历以及汉朝太初历、四分历统是依照此法安排的。但这一安排虽可以调和阴阳历，不至于冬夏倒置，但平年354天，闰年384天，一年中节气仍然可以相差一个月，对于农业操作安排上仍然不够精密，所以到了战国末年又建立二十四节气，和阴历相辅而行。到了东汉时代又发现一节一气尚有15天多的间隔，才又创立一年七十二候。这是我们旧历发展的经过。现在思成先生所提出的问题是：二十四节气是阳历不应该挂到阴历的账上去。但从历法的发展看，恰恰是我们旧历是阴历才有把节气注明的必要。照思成先生的建议，可以避免一般人以二十四节气为阴历的误会，但却有把旧历和新历混淆不清的缺点。

从思成先生对于日历的合理化建议，我们可以进一步来问，我们旧历既已过时，为什么不直截了当完全用新历即西洋现行的格里高里（Gregory）历法呢？困难在于旧历在我国已应用了二千四五百年。首先，我国占人口大多数的农民有了二十四节气已能初步把握农时，没有不便的感觉。在这点上思成先生的建议可以起一定作用，使农民慢慢地了解现行新历比旧历的优点。其次，人民群众从幼年时代朝夕所企望而富有诗意的节日如除夕、春节、上元灯、寒食踏青、端午龙舟、中秋赏月、重九登高等一旦废除，不免可惜。三则各种宗教如佛教、喇嘛教、伊斯兰教等重要纪念日也是用阴历来计的。四则潮水的涨落是跟阴历为进退的，所以对从事渔业和海洋航业的人，阴历还是有用。最后，现用阳历也不是尽善尽美，为了合理化，有彻底改革历法的需要。

新历即现行阳历的缺点在哪里呢？有人以为格里高里历是纯粹阳历，其实不然。它和我们旧历一样也是阴阳历并用，不过以阳历为主罢了。在我们日历上如今天10月30日便写着“十月大，30，星期三”。这星期三就是从阴历来的。以7天为期的礼拜是与太阳毫不相干的。古代犹太人从新月初上起就数到7天、14天、21天和28天，作为4个周，并要每周休息一天。7天一礼拜制从犹太逐渐分布到基督教和伊斯兰教各国，在现行格里高里历里，星期仍是一个重要组成部分。

格里高里历最不合理的地方就是这7天为一周的星期。因为7既不能把一个月的数字30或31除尽，也不能把一年的天数365或366除出一个整数。阳历年平年有52个星期多一天，闰年多2天。这样月份牌得每年改印，甚至影响工厂、学校和机关作息时间的安排。若是改成10天为一周或6天、5天为一周，那就便当多了。更可怪的是旧历虽是阴历，但我们节气如清明、谷雨却是阳历。而西洋的若干节气如所谓外国清明（耶稣复活节），因为宗教传统的关系，反而用阴历。

新历月份大小的安排和月份称呼也是不合理的。在6月以前单月月大、双月月小，7月以后又是单月月小、双月月大，容易引起混乱。同时1月份有31天，而平年2月份只28天，相差3天之多，工厂发工资、计房租，各月平均计算就显得不公平。在统计上，如气象学上计算各月的雨量，1月份和2月份就不能同样看待。目前西洋月名的称呼，从9月至12月，无论英、德、法、俄各国文字均属名不符实。所以如此种种不合理的原因，统是由西洋历史上传统的习惯所遗留下来的。在罗马恺撒皇朝以前，罗马历法原来用的是阴历，一年12个月，月大和月小间隔着。月的名称也是5月、6月、7月、8月和中国一样依次排列，但历法极为混乱。18世纪法国文学家伏尔泰曾说："罗马的将军们常在疆场上打胜仗，但是他们自己也搞不清楚许多胜仗是哪一天的。"待公元前46年恺撒当权时，根据埃及天文学家索西琴尼斯的建议改用阳历，把单月作为月大31天，双月作为月小30天，在平年2月份减少1天为29天，并把原来的11月改为岁首，把原来1月推迟成为3月，依次类推，而且把原来的5月的名称（Quintilis）改为（July），即今日之阳历7月，以纪念恺撒（Julius Gaesar）。据传说恺撒死后，其外甥奥古斯都（Augustus即屋大维）执政，当上罗马帝国的第一任皇帝。他把原来的6月（Sextilis）改称为奥古斯都（August），即今之阳历8月。又以8月原是月小，从2月那边移来一天把8月也变为月大，使2月在平年只剩了28天。又将8月以后的单月改为月小，双月改为月大，但是8月以后的月名依旧保存恺撒改历以前的名称，所以阳历9月至今西文仍称为7月，10月仍称为8月，如英文9月是September，这Sept在拉丁文中是7的意思。

这样名称错乱、月份大小不齐，又加上不合理的7天为一星期的办法，实在很有改进的必要。过去在西洋曾有成百上千的人主张改历，但始终因为限于习惯，积重难返，加以天主教、耶稣教会种种规章，总无法受到重视。在法国大革命时代，曾一度改用法兰西共和历。这共和历一年365又四分之一天，以秋分为岁首，每年12个月，每月30天，以一旬为一礼拜。每年年终平年有5天，闰年有6天为休息日。这是依照法国当时数学家孟箕和天文学家拉葛兰奇的提议而订定的。这比较现行阳历确是很大改进。但法国革命失败后，共和历也只应用了14年工夫，于1806年年初便被废除了。

在20世纪科学昌明的今日，全世界人们还用着这样不合时代潮流、浪费时间、浪费纸张、为西洋中世纪神权时代所遗留下来的格里高里历，是不可思议的。近代科学家已提了不少合理的建议，英国前钦天监（皇家天文学家）琼斯甚至写进天文学教科书中来宣传改进现行历法的主张，但是2000年颓风陋俗加以教会的积威是顽固不化的，不容易改进的。

季风之成因①

季风之成因由于大陆与海洋对于热量吸收与热量放射缓速之不同。大陆面部为泥沙岩石，在炎日之下吸收热量固易，而寒冬子夜之放射热量亦速。海洋流动不息，水之比热量大，兼

① 本文选自《东南季风与中国雨量》，刊载于《中国现代科学论著丛刊》——气象学（1919—1949），科学出版社1954年版。

能蒸发，故海水冬不易冷、夏不易热。因是之故，大陆冬严寒、夏酷暑，而海洋则较大陆冬温而夏凉。二者相差之数尤以温带中为最甚。海陆气温之寒暖既相差悬殊，则空气之密度亦因以不同。冬季则大陆空气密度大、气压高，而海洋上之空气密度小、气压低；夏季则反是，而风于是生焉。冬季由大陆吹向海洋，夏季则自海洋吹入大陆，即所谓季风是也。复因地球自转之影响，风自高气压吹向低气压时，其在北半球则常略偏向右方。如图所示。全球大陆之辽阔莫过于亚洲，故亚洲之季风亦特著。印度位于亚洲之南，故其季风冬东北而夏西南；我国地处亚洲东部，故季风冬西北而夏东南。

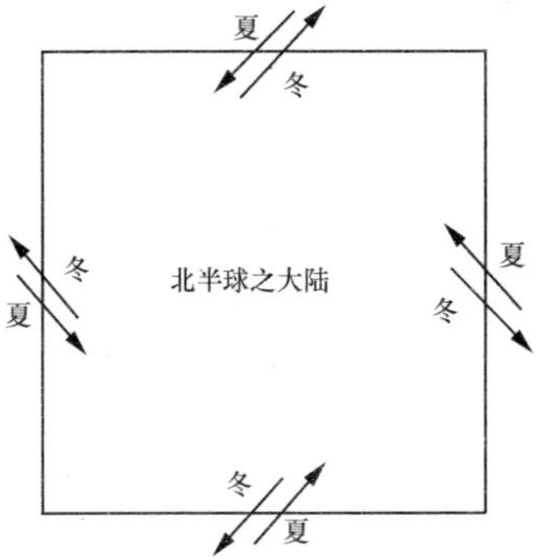

气候与其他生物之关系①

人类因智能出众，已创造了许多方法以减少气候的种种限制，植物和其他动物即无这种创造力，所以它们所受气候的限制，比人类还要大。以植物而论，寒带和热带，高山和平原，沙漠和湿地，所生长的草木，种类完全不同。植物所需的四大要素，日光、温度、湿度和土壤，其中气候却占了三个。一棵树的叶子厚薄多少与叶绿素之分布，统和日光强弱有关。高山上面有若干树木，佚曲伛偻，不能如平地上一样发育成为高大的乔木，就是因为山上紫外光线太强的缘故。单以眼睛能见得到的太阳光而论，红色光线和蓝色光线的作用就不同。据瑞典隆谭加（Lundegardh）教授的研究，红色光线使细胞生长，蓝色光线使细胞分裂。红色光线和蓝色光线的比例，晴天大于阴天，高原大于平原，沙漠大于海滨，热带大于寒带（因所需日光多少之不同，植物可分为阳性的和阴性的两大类）。

温度对于植物的重要极为明显，空中的碳酸气是植物枝叶

① 本文选自《气候与人生及其他生物之关系》，《广播教育》1936年创刊号。

中纤维的来源，要植物生长茂盛，必须充分地能吸收碳酸气。大多数植物吸收碳酸气最相宜的温度，是在15℃至30℃之间。马铃薯、番茄最相宜的温度是20℃，豆科植物最相宜的温度是30℃。人类最需要的五谷当平均温度低到10℃以下，就不能生长。椰子树不能生长于平均温度20℃以下的地方。从草木的分布，就可以看到温度影响之大。单以浙江省而论，温州以北无榕树，嘉湖以北无樟树。从京杭道上，我们可以看出来从南京到溧阳很少竹子，一过宜兴满山遍野尽是竹林了。荔枝、龙眼只限于福建、两广，茶叶、橘子不过秦岭。热带的植物大多数不能经霜，这种显明的例子统可以表现温度如何严格地限制草木之分布。

雨泽对于草木五谷之重要，我们很可以从古代文人的诗句里看出来。如唐高适诗“圣代即今多雨露”即是一例。到如今济南、北平旧式家庭的大门上，尚家家户户写着“天钱雨至、地宝云生”的门联。这种诗句、对联是在华北干燥地方应有之现象。在非洲阿比西尼亚（今埃塞俄比亚），每逢雨季初临的时候，还有盛大敬神的典礼。印度一年中收获的好坏，要看季风的强弱和所带雨量的多寡来断定。中国连年以来，总有几处地方闹着旱灾或水灾，雨量之于五谷的重要，可以不言而喻了。沙漠之所以不能生长植物，全是因为雨量稀少的关系。凡是一年中雨量在100毫米以下，统是沙漠不毛之地。我国西北的酒泉、包头等地方，一年雨量在100—200毫米之间，可称半沙漠地带。

动物因为能移动，所以比较植物有选择气候的能力。但是动物和气候的关系，仍是极为密切。就我们所用的牲口而论，热带森林里用象，沙漠用骆驼，水田用水牛，温带用骡马，寒带用驯鹿和狗，这完全是为了适应环境。候鸟如燕子、黄莺、布谷，来去季候的迟早，完全要看天气的寒暖。两栖类青蛙以及蛇类在温带里，一到冬季就蛰处静伏，等春季开始便蠢蠢欲动，到了夏季又横行各处了。昆虫类种类繁多，生殖迅速，和气候的关系更容易看出。昆虫对于温度的高低、感觉的灵敏，从蚂蚁和蟋蟀就可知之。蚂蚁行动的快慢，和蟋蟀鸣声的缓急，视温度的高下而定。有人试验过不用温度表，单从蚂蚁、蟋蟀的动作，可以测量气温，精密程度可到华氏表一度。一般农夫均以大雪为丰年之预兆，这多半是因为大雪之后，必继之以大冷，而很低的气温足以杀死蛰伏田中的害虫。但是雪的本身，因为是一个不良导体，反足以保护地下热的发散，所以有人以为大雪能杀害虫是不合理的。温度若很高，也可以致虫的死命。蝴蝶热至42℃则死，蝗虫热至48℃则死。有若干害虫如蝗虫和松毛虫，统繁殖于干燥的季候，因为地土干燥，则所下之蛋易于生长。然尚有其他昆虫类如蚊子，则天气潮湿反能繁殖。特殊的气候，如大雪、雨、雹统可使动物受很大的影响。去年冬天内蒙古大雪，牛羊冻死成千累万。1914年8月泰山下雹，平地积至二三尺之厚，时在黄昏以后，把山上的鸟类几乎全数打死，数年之内，泰山上鸦雀无声。高山的气候因空气稀薄，使动物血液中红血球特别增多。山上动物初下山的时候，要比山下同类动物来得骁勇。南美洲诸国有一个风俗，凡是跑马的时候，初从安第斯山下来的马不准加入，必得在山下住一个相当时期，始准比赛。山国居民，特别强悍，大抵亦是这个理由。

什么是物候学①

物候学主要是研究自然界的植物（包括农作物）、动物和环境条件（气候、水文、土壤）的周期变化之间相互关系的科学。它的目的是认识自然季节现象变化的规律，以服务于农业生产和科学研究。

物候学和气候学相似，都是观测各个地方，各个区域春、

① 本文选自《物候学》，竺可桢、宛敏渭著，科学出版社1980年版。

夏、秋、冬四季变化的科学，都是带地方性的科学。物候学和气候学可说是姊妹行，所不同的，气候学是观测和记录一个地方的冷暖晴雨、风云变化，而推求其原因和趋向；物候学则是记录一年中植物的生长荣枯、动物的来往生育，从而了解气候变化和它对动、植物的影响。观测气候是记录当时当地的天气，如某地某天刮风，某时下雨，早晨多冷，下午多热等等。而物候记录如杨柳绿、桃花开、燕始来等等，则不仅反映当时的天气，而且反映了过去一个时期内天气的积累。如1962年初春，北京天气比往年冷一点，山桃、杏树、紫丁香都延迟开花。从物候的记录可以知季节的早晚，所以物候学也称为生物气候学。

在我国最早的物候记载，见于《诗经·豳风·七月》一篇里，如说："四月里葽草开了花，五月里蝉振膜发声。"①又如说："八月里枣子熟了可以打下来，十月里稻子黄了可以收割。"②等等，那完全是老农经验的记载。到春秋时代，已经有了每逢节气的日子记录物候和天气的传统，③而且已经知道

---

①《诗经·豳风·七月》第四章："四月秀葽，五月鸣蜩。"

②《诗经·豳风·七月》第六章："八月剥枣，十月获稻。"

③《左传》僖公五年："公既视朔，遂登观台以望，而书，礼也。凡分、至、启、闭，必书云物，为备故也。"

燕子在春分前后来、在秋分前后离去。[1]《管子》中已有“大暑、中暑、小暑（幼官篇）”；“大寒、中寒、始寒（幼官图）”和“冬至、夏至、春至（分）、秋至（分）（轻重已篇）”等名称。又说到关于节候反常的现象——“春行冬政则凋，行夏政则欲（四时篇）”以及节候与农时的关系——“夏至而麦熟，秋始而黍熟（轻重已篇）”等等，为古书中较早说到节候的。其他《夏小正》、《吕氏春秋·十二纪》各纪的首篇、《淮南子·时则训》、《礼记·月令》等书中，更有依节气而安排的物候历。寻其演变源流，各书有关这方面记述，实来源于管子之言而有所增益，汉代郑玄为《礼记》作注，已于目录明说《月令》出自《吕氏春秋》。[2]清陈澧说：“《吕氏春秋》虽不韦之客所作，其说则出于管子。”郭沫若也说：“《管子·幼官·幼官图》篇为《吕氏春秋》十二纪的雏形。”[3]唐杜佑《通典》更直截了当说“月令出于管子”。自管子创始汇集劳动人民在这方面的经验，后来逐渐

---

①《左传》昭公十七年：“玄鸟氏司分者也。”注：“玄鸟燕也。”疏：“此鸟以春分来，秋分去。”

②《礼记正义·月令》孔颖达疏：“按郑目录云……本吕氏春秋十二月纪之首章也，以礼家好事者抄合之。言周公所作，其中官名时事多不合周法。”

③ 郭沫若、闻一多、许维遹撰《管子集校》第105页，1956年科学出版社出版。

发展，遂成为周、秦时代遗留下来比较完整的一个物候历。如在《礼记·月令》二月条下，列举了下述的物候："这时太阳走进了二十八宿中的奎宿，天气慢慢地和暖起来，每当晴朗天气，可以见到美丽的桃花盛放，听到悦耳的仓庚鸟歌唱。一旦有不测风云，也不一定下雪而会下雨。到了春分节前后，昼和夜一样长，年年见到的老朋友——燕子，也从南方回来了。燕子回来的那天，皇帝还得亲自到庙里进香。在冬天销声绝迹的雷电也重新振作起来；匿伏在土中、屋角的昆虫，也苏醒过来，向户外跑的跑、飞的飞地出来了。这时候，农民应该忙碌起来，把农具和房子修理好，国家不能多派差事给农民，免得妨碍农田的耕作。"[①]这是2000多年以前，黄河流域初春时物候的概述。

我们从这些材料可以知道，古代之所以积累物候知识，一方面是为了维护奴隶主和封建主的统治，但主要是为了指挥奴隶或农奴劳动。如《淮南子·主术》篇所讲的："听见蛤蟆叫，看见燕子来，就要农奴去修路。等秋

---

①《礼记·月令》："仲春之月，日在奎……始雨水，桃始华，仓庚鸣……玄鸟至。至之日，以太牢祠于高禖，天子亲往……日夜分，雷乃发声，始电。蛰虫咸动，启户始出……耕者少舍，乃修阖扇，寝庙毕备。毋作大事，以妨农之事。"

天叶落时要去伐木。”[1]

或许有人要问：自从十六七世纪温度表、气压表发明以后，气温、气压可以凭科学仪器来测量；再加以十八九世纪以后，各种气象仪器的逐步改进，直到近来，雷达和火箭、人造地球卫星在气象观测上的广泛应用，气候学已有迅速的进步。但是，物候学直到如今还是靠人的两目所能见到和两耳所能听到的作记载，这还能起什么作用呢！

我们要知道，物候这门知识，是为农业生产服务而产生的，在今天对于农业生产还有很大作用。它依据的是比仪器复杂得多的生物。各项气象仪器虽能比较精密地测量当时的气候要素，但对于季节的迟早尚无法直接表示出来。举例来说：1962年春季，华北地区的气候比较寒冷，但是五一节那天早晨，北京的温度记录却比前一年和前两年同一天早晨的温度高两三摄氏度之多。因此，不拿一个时期之内的温度记录来分析，就说明不了问题。如果从物候来看，就容易看出来。1962年北京的山桃、杏树、紫丁香和五一节前后开花的洋槐的花期都延迟了，比1961年迟了10天左右，比1960年迟五六天。我们

---

①《淮南子·主术》：“蛤蟆鸣，燕降，而达路除道……昴中则收敛蓄积，伐薪木。”

只要知道物候，就会知道这年北京农业季节是推迟了，农事也就应该相应地推迟。可是1962年北京地区部分农村，在春初种花生等作物时，仍旧照前两年的日期进行，结果受了低温的损害。若能注意当年物候延迟的情况，预先布置，就不会遭受损失了。

另外，把过去一个时期内各天的平均温度加起来，成为一季度或一个月的积温，也可以比较各年季节冷暖之差，但是还看不出究竟温度要积到多少度才对植物发生某种影响，才适合播种。如不经过农事实验，这类积温数字对指导农业生产，意义还是不大。物候的数据是从活的生物身上得来的，用来指导农事活动就很直接，而且方法简单，农民很易接受。物候对于农业的重要性就在于此。

由北京每年春初北海冰融时期的迟早，可以断定那一年四五月间各类植物如桃、杏、紫丁香、洋槐开花的迟早。换言之，即北海冰融早，则春末夏初各类花也开得早；北海冰融迟，则各类花卉开放也延迟。农时的迟早，是随植物开花结果时期而定的。因此，从北京春初北海冰融的迟早，就可以断定那年北京农时的迟早，其他地区也可类推。

中国古代的物候知识[1]

物候之名称，来源甚早。《左传》中即有每逢二至二分等节日，必须记下云物的记载的说法。唐代中叶诗人元稹在湖北玉泉道中所作诗有句云："楚俗物候晚，孟冬始有霜。"[2]古人把见霜、下雪、结冰、打雷等统称为物候。物候学与气候学虽可称为姊妹学科，但物候的观测要比气候早得多。在16、17世纪温度表与气压表发明以前，世人不知有所谓"大气"，所以无所谓"气候"。中国古代以五日为一候，三候为一气。

我国古代物候知识起源于周、秦时代，目的是为了指挥奴隶适时从事农业生产。我国从春秋、战国以来，一直重视农业活动的适时。《管子·匡乘马》篇除说"使农夫寒耕暑耘"外，并具体指出："冬至后六十天（即雨水节）向阳处土壤化冻；又十五天（即惊蛰）向阴处土壤化冻，完全化冻后就要种稷；春事要在二十五天之内完毕。"[3]《吕氏春秋》一书，杂

① 本文选自《物候学》，竺可桢、宛敏渭著，科学出版社1980年版。

② 见《元氏长庆集》卷七。

③《管子·匡乘马》篇："日至六十日而阳冻释，七十五日而阴冻释，阴冻释而艺稷，故春事二十五日之内耳也。"

有农家的话，《上农》等篇就是谈农业的。它在《十二纪》各纪的篇首曾因袭《管子》，又汇集了劳动人民有关这方面的经验，编为十二个月的物候。其后这些节气和物候的知识，更被辗转抄入《淮南子·时则训》和《礼记·月令》等篇。

但是这种书本物候知识，还是要靠劳动人民的实践，即从生产斗争中得来。华北一带农民有一种口传的“九九歌”：

一九二九不出手，
三九四九冰上走，
五九六九沿河看柳，
七九河开，八九雁来，
九九加一九，耕牛遍地走。

这里所谓不出手、冰上走、沿河看柳、河开、雁来，统是物候。就是从人的冷暖感觉、江河的冰冻、柳树的发青、鸿雁的北飞，来定季节的节奏、寒暑的循环，而其最后目的是为了掌握农时，所以最后一句便是“耕牛遍地走”，这可称“有的放矢”。从歌中“三九四九冰上走，五九六九沿河看柳，七九河开，八九雁来”几句看来，这一歌谣不适用于淮河流域，也不适用于山西、河北，当是黄河中下游山东、河南地方的歌谣。

九九是从冬至算起，所以是以阴历为根据的，一定先有二至二分的知识才会有此歌谣，可见这歌谣也是在春秋、战国时代或以后产生的。

到汉代铁犁和牛耕的普遍应用，以及人口的增加，使农业有了显著进步。二十四节气每一节气相差半个月，应用到农业上已觉相隔时间太长，不够精密，所以有更细分的必要。《逸周书·时训》就分一年为七十二候，每候五天。如说："立春之日东风解冻，又五日蛰虫始振，又五日鱼上冰。雨水之日獭祭鱼，又五日鸿雁来，又五日草木萌动。惊蛰之日桃始华，又五日仓庚鸣，又五日鹰化为鸠。春分之日玄鸟至，又五日雷乃发声，又五日始电。"等等。

物候知识最初是农民从实践中得来，后来经过总结，附属于国家历法。但物候是随地而异的现象，南北寒暑不同，同一物候出现的时节可相差很远。在周、秦、两汉，国都在今西安地区及洛阳，南北东西相差不远，应用在首都附近尚无困难；但如应用到长江以南或长城以北，就显得格格不入。到南北朝，南朝首都在建康，即今南京；北朝初都平城，就是今日的大同，黄河下游的物候已不适用于这两个地方。南朝的宋、齐、梁、陈等王朝都很短促，没有改变月令；北魏所颁布的七十二候，据《魏书》所载，已与《逸周书》不同，在立春之初加入“鸡始乳”一候，而把“东风解冻”、“蛰虫始振”等候统推迟5天。但平城的纬度在西安、洛阳以北4度多，海拔又高出800米左右，所以物候相差，实际上决不止一候。

到了唐朝，首都又在长安；北宋都汴梁，即今开封，此时首都又与秦、汉的旧地相近。所以，唐、宋史书所载七十二候，又和《逸周书》所载大致相同。[①]元、明、清三朝虽都北京，纬度要比长安和开封、洛阳靠北5度之多，虽然这时候“二十四番花信风”早已流行于世，但这几代史书所载七十二候和一般时宪书所载的物候，统是因袭古志，依样画葫芦。不但立春之日“东风解冻”、惊蛰之日“桃始华”、春分之日“玄鸟至”等物候，事实上已与北京的物候不相符合，未加改正；即古代劳动人民以限于博物知识而错认的物候，如“鹰化为鸠”、“腐草化为萤”、“雀入大水为蛤”等谬误，也一概仍旧。这是无足为怪的，因为“九九歌”中的物候乃是老农田野里实践得来，是生活斗争中获得的一些知识，虽然粗略些，生物学知识欠缺些，但物候和季节还能对得起来。到后来，编月令成为士大夫的一种职业；明、清两代，由于士大夫以作八股为升官发财的跳板，一般缺乏实

① 秦嘉谟编《月令粹编》卷二十三，《月令考》1812年出版。

际知识，真是菽麦不辨，所写物候，统从故纸堆中得来，怪不得完全与事实不符。顾炎武早已指出，在周朝以前，劳动人民普遍地知道一点天文。“七月流火”是农民的诗，“三星在天”是妇女的话，“月离于毕”是戍卒所作，“龙尾伏辰”是儿童歌谣。后世的文人学士若问他们关于这方面知识，将茫然不知所对。[①]明、清时代，一般士大夫对天文固属茫然，对物候也一样的无知，这统是由于他们的书本知识脱离实践所致。

南宋浙江金华地区的吕祖谦（1137—1181）做了物候实测工作。他所记有南宋淳熙七年和八年（1180—1181）两年金华（婺州）实测记录，[②]载有腊梅、桃、李、梅、杏、紫荆、海棠、兰、竹、豆蓼、芙蓉、莲、菊、蜀葵、萱草等24种植物开花结果的物候和春莺初到、秋虫初鸣的时间，这是世界上最早凭实际观测而得的物候记录。世界别的国家没有保存有15世纪以前实测的物候记录。日本樱花记录始于唐，但只樱花而已，

① 顾炎武《日知录》卷三十《天文》条，按“七月流火”见《诗·豳风·七月》；“三星在天”见《诗·唐风·绸缪》；“月离于毕”见《诗·小雅·鱼藻之什·渐渐之石》；“龙尾伏辰”见《左传》僖公五年。

② 吕祖谦《庚子·辛丑日记》载《东莱吕太史文集》卷十五，“续金华丛书”本。

不及其余，而吕祖谦记录的物候多到24种植物的开花结果和鸟、虫的初鸣。同时人朱熹为吕祖谦物候书作跋说：“观伯恭（吕祖谦号）病中日记其翻阅论著固不以一日懈，至于气候之暄凉，草木之荣悴，亦必谨焉。”

“二十四番花信风”，南宋程大昌的《演繁露》曾略提及。明杨慎《丹铅录》引梁元帝之说疑系依托；唯明初钱塘王逵的《蠡海集》所列最有条理。[①]后来焦竑的《焦氏笔乘》当即据此采入，[②]叙述较为简明。自小寒至谷雨，四月八气二十四候，每候五日，以一花应之：

小寒	一候梅花	二候山茶	三候水仙
大寒	一候瑞香	二候兰花	三候山矾
立春	一候迎春	二候樱桃	三候望春
雨水	一候菜花	二候杏花	三候李花
惊蛰	一候桃花	二候棠梨	三候蔷薇
春分	一候海棠	二候梨花	三候木兰
清明	一候桐花	二候麦花	三候柳花
谷雨	一候牡丹	二候荼蘼	三候楝花

① 参考《四库全书总目提要》子部，杂家类六《蠡海集》，存目五《焦氏笔乘》。

② 《焦氏笔乘》“粤雅堂丛书”本，卷三页八，“花信风”条。

花信风的编制是我国南方士大夫有闲阶级的一种游戏作品，既不根据于实践，也无科学价值的东西。

尽管如此，我国从两汉以来一千七八百年间，劳动人民积累的物候知识，经好些学者如北魏贾思勰、明代徐光启和李时珍等终身辛劳地采访搜集、分析研究，还是得到发扬光大、传之于后代。

历代所颁历法真正能照顾到农民所需要的物候，是19世纪中叶太平天国的“天历”。它把一年分为12个月，以366天为一年，单月大31天，双月小30天。以立春为元旦，惊蛰为2月1日，清明为3月1日，以此类推。除每日有干支、二十八宿名称、时令而外，还记草木萌芽月令，把南京所观测到的物候或草木萌芽亦列入。这历称为《萌芽月令》，将上一年南京所观测到的物候结果附在下一年同月份日历之后，以供农民耕种时作参考。如太平天国辛酉十一年（1861）新历每月之后就都附有庚申十年同月份的萌芽月令，如说“立春九红梅开花，青梅出蕊”，“雨水二雷鸣下雨，和风，青梅开花”等等；此外天历还传播一些生产知识。

太平天国系农民革命，所以洪秀全关心民瘼，把中国历法作了一个彻底的改革。原来计划要有了40年的物候记录便可平均起来作一个标准物候历，颁布于天下，这是一件好事。可惜到1864年革命失败，而天历如昙花一现，到如今几乎无人知道其事。①

我国古代农书医书中的物候②

中国最早的古农书，现尚保存完整的，要算北魏贾思勰的《齐民要术》。其中不少地方引用了比这书更早500年的一部农书，即西汉《氾胜之书》。在古农书中，还有专讲农时的书，如汉崔实的《四民月令》，元鲁明善的《农桑衣食撮要》等。《氾胜之书·耕作》篇劈头就说："凡耕之本，在于趣时。"换句话说，就是耕种的基本原则在于抓紧适当时间来耕耘播种。这时间如何能抓得不先不后呢？《氾胜之书》就用物候作为一个指标，如说："杏花开始盛开时，就耕轻土、弱土。看见杏花落的时候再耕。"对于种冬小麦，书中说："夏至后七十天就可以种冬麦，如种得太早，会遇到虫害，而且会在冬季寒冷以前就拔节；种得太晚，会穗子小而籽粒少。"对于种大豆，书中说："三月

---

① 影印《太平天国印书》第十七册，南京太平天国历史博物馆编，江苏人民出版社1960年版。又见萧一山辑《太平天国丛书》第一辑第三册，1933年出版。

② 本文选自《物候学》，竺可桢、宛敏渭著，科学出版社1980年出版。

榆树结荚的时候，遇着雨可以在高田上种大豆。”[1]

贾思勰在他的《齐民要术》中总结的劳动人民关于物候的知识，比《氾胜之书》更为丰富，而且更有系统地把物候与农业生产结合起来。如卷一谈种谷子时说道：“二月上旬，杨树出叶生花的时候下种，是最好的时令；三月上旬到清明节，桃花刚开，是中等时令；四月上旬赶上枣树出叶，桑树落花，是最迟时令了。”并指出：“顺随天时，估量地利，可以少用些人力，多得到些成果。要是只凭主观，违反自然法则，便会白费劳力，没有收获。”[2]

贾思勰已经知道各地的物候不同，南北有差异，东西也有分别。他指出一个地方能种的作物，移到另外一个区域，成熟迟早、根实大小就会改变。在《齐民要术》卷三《芜菁》和《种蒜》条下说：“在并州没有大蒜种，要向河南的朝歌取种，种了一年以后又成了百子蒜。在河南种芜菁，从七月处暑节到八月白露节都可以种……但山西并州八月才长得成。在并州芜菁根都有碗口大，就是从旁的州取种子来种也会变大。”

---

① 参考石声汉《氾胜之书今释》（初稿）第5页、第19页和第23页，1956年科学出版社出版。

② 参考石声汉《齐民要术今释》第一分册第57页，1957年科学出版社出版。

又说："并州产的豌豆，种到井陉以东；山东的谷子，种到山西壶关、上党；便都徒长而不结实。"在书中，贾思勰从物候的角度尖锐地提出了问题，要求解释。但是这类的问题如为什么北方的马铃薯种到南方会变小退化？关东的亚麻和甜菜移植到川北阿坝州，虽长得很好但不结籽等等，还是植物生态学上和生理学上尚待研究的问题。

《齐民要术》的另一重要地方，是破除迷信。《氾胜之书》虽然依据物候来定播种时间，但信了阴阳家之言，订出了若干忌讳。例如播种小豆忌卯日，种稻麻忌辰日，种禾忌丙日等等。这种忌讳一直流传下来，直到元代王祯[①]《农书》中，仍有"麦生于亥，壮于卯……"等错误的说法。《齐民要术》指出这种忌讳不可相信，强调了农业生产上的及时和做好保墒。[②]在一千四五百年前，能够坚持唯物观点，如贾思勰这样是不容易的。

从北魏到明末1000年间，我国虽出版了不少重要农业书籍，如元代畅师文、苗好谦等撰的《农桑辑要》，王祯撰

① 清雍正帝时，因避雍正"胤禛"的名字把王祯改为王桢。这完全是封建时代的习惯，现仍用其原名。

② 李长年《齐民要术研究》第92页，1959年农业出版社出版。

的《农书》等，但在物候方面，除掉随着疆域扩大、得了许多物候知识外，少有杰出的贡献。到了明朝末年，徐光启从利玛窦、熊三拔等外国教士学得了不少西洋的天文、数学、水利、测量的知识，知道了地球是球形的，在地球上有寒带、温带、热带之分等等。这些新知识更加强了他的“人定胜天”的观念。他批评了王祯《农书·地利》篇的环境决定论，在《农政全书·农本》一章中说：“凡一处地方所没有的作物，总是原来本无此物，或原有之而偶然绝灭。若果然能够尽力栽培，几乎没有不可生长的作物。即使不适宜，也是寒暖相违，受天气的限制，和地利无关。好像荔枝、龙眼不能逾岭，橘、柚、柑、橙不能过淮一样。王祯《农书》中载有二十八宿周天经度，这没有多大意义。不如写明纬度的高低，以明季节的寒暖，辨农时的迟早。”①

徐光启积极地提倡引种驯化。在《农政全书》卷二十五，他赞扬了明邱浚主张的南方和北方各种谷类并种，可令昔无而今有的说法。万历年间，甘薯从拉丁美洲经南洋移植到中国还不久，他主张在黄河流域大量推广。有人问他：“甘薯是南方天热地方的作物，若移到京师附近以及边塞诸地，可以种得活吗？”他毅

① 石声汉《徐光启和农政全书》，北京《光明日报》1962年4月16日。

然回答说："可以。"他说："人力所至，亦或可以回天。"也就是说，他认识到人力可以驯化作物。到如今，河北、山东各省普遍种植甘薯，不能不说徐光启有先见之明。

《农政全书》卷四十四讲到如何消灭蝗虫，也是很精彩的。他应用了统计方法，整理历史事实，指出蝗虫多发生在湖水涨落幅度很大的地方，蝗灾多在每年农历的五、六、七三个月。这样以统计法指出了蝗虫生活史上的时地关系，便使治蝗工作易于着手。最后他总结了治蝗经验，指出事前掘取蝗卵的重要，他说："只要看见土脉隆起，即便报官，集群扑灭。"这可以说是用统计物候学的方法指导扑灭蝗虫。①

李时珍比徐光启早出生44年，他是湖北蕲州人。他所著的书《本草纲目》，于1596年在南京出版。相隔不到12年，便流传到日本；不到100年，便被译成日文；后更传播到欧洲，被译成拉丁文、德文、法文、英文、俄文等。②这部书之所以被世界学者所珍视，是因为书中包含了极丰富的药物学和植物学的材料。单从物候学的角度来看，这部书也是可宝贵的。例如卷

---

① 燕羽《徐光启和农政全书》，载《明清史论丛刊》第273页，1957年湖北人民出版社出版。

② 陈邦贤《李时珍》，载《中国古代科学家》第166页，1959年科学出版社出版。

十五记载“艾”这一条时说：“此草多生山原，二月宿根生苗成丛。其茎直生，白色，高四五尺。其叶四布，状如蒿，分为五尖桠，面青背白，有茸而柔厚。七八月间出穗，如车前、穗细。花结实，累累盈枝，中有细子，霜后枯。皆以五月五日连茎刈取。”这样的叙述，即在今日，也不失为植物分类学的好典型。《本草纲目》所载近2000种药物，其中关于植物的物候材料是极为丰富的。又如卷四十八和四十九谈到我国的鸟类，其中对于候鸟布谷、杜鹃的地域分布、鸣声、音节和出现时期，解释得很清楚明白，即今日鸟类学专家阅之，也可收到益处。

当然，我们不能苛求三四百年以前的古人，能将两三千年中经、史、子、集里所有的关于物候学上错误的知识和概念，一下子能全盘改正过来。《本草纲目》中对“腐草化为萤，田鼠化为鴽”等荒谬传说，全是人云亦云地抄下来，没有加以驳斥，这是限于时代，不足为怪的。在欧洲，直至18世纪，瑞典著名植物学家也即近代物候学的创始人林内，尚相信燕子到秋天沉入江河，在水下过冬的。

物候的南北差异[①]

物候南方与北方不同。我国疆域辽阔，在唐、宋时代，南北纬度亦相差30余度，物候的差异自然很分明。往来于黄河、长江流域的诗人已可辨别这点差异，至于放逐到南岭以南的柳宗元（子厚）、苏轼，他们的诗中更反映出岭南物候不但和中原有量的不同，而且有质的不同了。

秦岭在地理上是黄河、长江流域的分水岭，在气候上是温带和亚热带的分界，许多亚热带植物如竹子、茶叶、杉木、柑橘等等统只能在秦岭以南生长，间有例外，只限于一些受到适当地形的庇护而有良好小气候的地方。白居易于唐元和十年（815）从长安初到江西，作有《浔阳三题》诗并有序云："庐山多桂树，湓浦多修竹，东林寺有白莲花，皆植物之贞劲秀异者……夫物以多为贱，故南方人不贵重之……予惜其不生于北土也，因赋三题以唁之。"其中《湓浦竹》诗云："浔阳十月天，天气仍温燠，有霜不杀草，有风不落

---

① 本文选自《物候学》，竺可桢、宛敏渭著，科学出版社1980年版，有删节。

木……吾闻汾晋间，竹少重如玉。”① 白居易是北方人，他看到南方竹如此普遍，便不免感到惊异。

清代中叶诗人龚自珍（1792—1841）曾说：“渡黄河而南，天异色，地异气，民异情。”所以他诗中有句云：“黄河女直徙南东，我道神功胜禹功。安用遇儒谈故道，犁然天地划民风。”龚自珍不但说南北物候不同，而且民情也不同。②

苏轼生长在四川眉山，是南方人，看惯竹子的，而且热爱竹子。青年时代进士及第后不久，于宋嘉祐七年（1062）到京北路（今陕西省）凤翔为通判，曾亲至宝鸡（今宝鸡市）、盩厔（今周至县）、虢（旧虢镇，今宝鸡县）、郿（今眉县）四县，在宝鸡去四川路上咏《石鼻城》诗中有“……渐入西南风景变，道边修竹水潺潺”，③ 竹子确是南北物候不同很好的一个标志。

秦岭是我国亚热带的北界，南岭则可说是我国亚热带的南界，南岭以南便可称为热带了。热带的特征是：“四时皆是夏，一雨便成秋。”换言之，在热带里，干季和雨季的分别比冬季和夏季的分别更为突出。而五岭以南即有此种景象，可于

---

①《白氏长庆集》卷一，四部丛刊影印宋本。

②《龚自珍全集》第521页，1959年中华书局出版。

③《苏东坡全集·前集》卷一，“万有文库”本。

唐、宋诗人的吟咏中得之。柳宗元的《柳州二月榕叶落尽偶题》诗："宦情羁思共凄凄，春半如秋意转迷。山城过雨百花尽，榕叶满庭莺乱啼。"[①]意思就是二月里正应该是中原桃李争春的时候，但在柳州最普遍的常绿乔木榕树却于此时落叶最多，使人迷惑这是春天还是秋天？苏轼在惠州时，有《食荔枝二首》记惠州的物候："罗浮山下四时春，卢橘杨梅次第新。日啖荔枝三百颗，不妨长作岭南人。"[②]又在《江月五首》诗的引言里说："岭南气候不常，吾尝云：菊花开时乃重阳，凉天佳月即中秋，不须以日月为断也。"[③]按温带植物如菊花、桂花在广州终年可开；但是即使在热带，原处地方植物的开花结果，仍然是有节奏的。苏轼在儋耳有诗云："记取城南上巳日，木棉花落刺桐开。"[④]相传阴历三月三日为上巳节。如今海南岛儋耳地方的物候未见记录，可能还是如此。1962年春分前一周，作者之一由广州经京广路到北京，那时广州越秀山下的桃花早已凋谢，而柳叶却未抽青。但在韶关、郴州一带，正值桃红柳绿之时。可知五岭以南若干物候，是和长江流域先后

① 《柳河东集》卷四十二，"国学基本丛书"本。

② 《苏东坡全集后集》卷五。

③ 《苏东坡全集后集》卷五。

④ 《苏东坡全集后集》卷六，诗作于哲宗元符元年（1098）。

相差的。

还有一个重要的物候，即梅雨的时期，在我国各地也先后不一。这在唐、宋诗人的吟咏中，早已有记载。柳宗元诗：“梅熟迎时雨，苍茫值小春。”柳州梅雨在小春，即农历三月。杜甫《梅雨》诗：“南京犀浦道，四月熟黄梅。”即成都（唐时曾作为“南京”）梅雨是在农历四月。[①] 苏轼《舶棹风》诗：“三时已断黄梅雨，万里初来舶棹风。”[②] 苏轼作此诗时在浙江湖州一带，三时是夏至节后的15天，即江浙一带梅雨是在农历5月。现在我们知道，我国梅雨在春夏之交，确从南方渐渐地推进到长江流域。[③]

前面讲过，我国的物候南方与北方不同。从世界范围来说，也一定是这样。所以霍普金斯的物候定律，如以物候的南北差异而论，应用到欧洲便须有若干修正。据英国气象学会的长期观测，从最北苏格兰的阿贝丁到南英格兰的布里斯特耳，南北相距640公里，即6个纬度弱，11种花卉的开花期，

---

① 仇兆鳌注《杜少陵集详注》卷九。

② 见徐光启《农政全书》卷十一引苏轼诗，中华书局版。苏集通行本“三时”误作“三旬”。详可参考竺可桢《东南季风与中国之雨量》（《中国近代科学论著丛刊·气象学》科学出版社出版）第六节的论证。

③ 参阅徐淑英、高由禧《中国季风的进退及其日期的确定》，1962年3月《地理学报》第28卷第1期第1—18页。

南北迟早平均相差21天，即每一纬度相差3.7天。而且各种物候并不一致，如7月开花的桔梗，南北相差10天；而10月开花的常春藤，则相差至28天。[①]至于德意志联邦共和国的格曾海曼地方，纬度在意大利巴图亚之北4度6分；两地开花日期，春季只差8天，但夏季要差16天。换言之，即春季每一纬度相差不到2天，而夏季每一纬度可差4天。欧洲西北部的挪威，则每一纬度的差异，南北花期在4月要差4.3天，5月减至2.3天，6月又减至1.5天，到7月只差0.5天。由此可知南北花期，不但因地而异，而且因时季、月份而异，不能机械地应用霍普金斯的定律。即使在美洲，霍普金斯定律应用到预报农时或引种驯化，也都须经过一系列等候线图的更正。

我国地处世界最大陆地亚洲的东部，大陆性气候极显著，冬冷夏热，气候变迁剧烈。在冬季，南北温度相差悬殊；但到夏季，则又相差无几。如初春3月份平均温度，广州要比哈尔滨高出22摄氏度；但到盛夏7月，则两地平均温度只差4摄氏度而已。加之我国地形复杂，丘陵、山地多于平原，更使物候差异各处不同。在我国东南部，等候线几与纬度相平行，从广东沿海直至北纬26度的福州、赣州一带，南北相距5个纬度，物候相差

① 《英国皇家气象学会季刊》第86卷，1960年1月份。

50天之多，即每一个纬度相差竟达10天。在此区以北，情形比较复杂。

北京、南京纬度相差7度强，在三四月间，桃李始花，先后相差19天；但到四五月间，柳絮飞、洋槐盛花时，南北物候相差只有9天或10天。主要原因就由于我国冬季南北温度相差很大，而夏季则相差很小。3月，南京平均温度尚比北京高3.6摄氏度，到4月则两地平均温度只差0.7摄氏度，5月则两地温度几乎相等。在长江、黄河大平原上，物候差异尚且不能简单地按纬度计算出来，至于丘陵、山岳地带，物候的差异自必更为复杂。

物候的古今差异①

物候古代与今日不同。陆游《老学庵笔记》卷六引杜甫上述《梅雨》诗，并提出一个疑问说："今（南宋）成都未尝有梅雨，只是秋半连阴，空气蒸溽，好像江浙一带五月间的梅雨，岂古今地气有不同耶？"卷五又引苏辙诗："蜀中荔枝出

① 本文选自《物候学》，竺可桢、宛敏渭著，科学出版社1980年版，有删节。

嘉州，其余及眉半有不。”陆游解释说：“依诗则眉之彭山已无荔枝，何况成都？”但唐诗人张籍却说成都有荔枝，他所作《成都曲》云：“锦江近西烟水绿，新雨山头荔枝熟。”陆游以为张籍没有到过成都，他的诗是闭门造车，是杜撰的，以成都平原无山为证。但是与张籍同时的白居易在四川忠州时作了不少荔枝诗，以纬度论，忠州尚在彭山之北。所以，不能因为南宋时成都无荔枝，便断定唐朝成都也没有荔枝。疑当时有此传闻，张籍才据以入诗的。

杜甫的《杜鹃》诗说：“东川无杜鹃。”在抗日战争时期到过重庆的人都知道，每逢阳历四五月间，杜鹃夜啼，其声悲切，使人终夜不得安眠。但我们不能便下断语说，“东川无杜鹃”是杜撰的。物候昔无而今有，在植物尚且有之，何况杜鹃是飞禽，其分布范围是可以随时间而改变的。譬如以小麦而论，唐刘恂撰的《岭表录异》里曾经说：“广州地热，种麦则苗而不实。”[①]但700年以后，清屈大均撰《广东新语》的时候，小麦在雷州半岛也已大量繁殖了。[②]

自然，我们不能太天真地以为唐、宋诗人没有杜撰的诗

---

① 胡锡文主编《中国农学遗产选集》，甲类第二种《麦》上编第65页，1958年农业出版社出版。

② 《中国农学遗产选集》，甲类第二种《麦》上编第155页。

句。我们利用唐、宋人的诗句来研究古代物候，自然要批判地使用。看来可能的错误，系来自下列几方面：

（1）诗人对古代遗留下来的错误观念，不加选择地予以沿用，如以杨柳飞絮为杨花或柳花。李白的《金陵酒肆留别》诗说："白门柳花满（一作酒）店香"；[①]《闻王昌龄左迁龙标遥有此寄》诗说："杨花落尽子规啼。"[②]实际所谓絮是果实成熟后裂开，种子带有一簇雪白的长毛，随风飞扬上下，落地后可集成一团。

（2）盲从古书中的传说。唐朝诗人钱起《赠阙下裴舍人》诗："二月黄莺飞上林，春城紫禁晓阴阴……"黄莺是候鸟，要到农历四月才能到黄河流域中下游。唐代的二月，长安不会有黄莺。《礼记·月令》："仲春之月……仓庚鸣"，钱起以误传误地用于诗中。

（3）诗人为了诗句的方便，不求数据的精密。如白居易的《潮》诗："早潮才落晚潮来，一月周流六十回。"[③]顾炎武批评他说："月大有潮五十八回，月小五十六回，白居易是北方人，不知潮候。"[④]实则白居易未必不知潮信，但为字句方

①② 《李太白集》卷十二、卷十三，重刊宋本。
③ 《白香山集》卷五十三，"万有文库"本。
④ 顾炎武《日知录》卷三十一，"潮信"条。

便起见，所以说六十回。

（4）也有诗人全凭主观的想法，完全不顾客观事实的。如宋和尚参寥子有《咏荷花》诗："五月临平山下路，藕花无数满汀洲。"有人指出："杭州到五月荷花尚未盛开，要六月才盛开，不应说无数满汀洲。"给参寥子辩护者却说："但取句美，'六月临平山下路'，便不是好诗了。"①

（5）也有原来并不错的诗句，被后人改错的。如王之涣《凉州词》："黄沙直上白云间，一片孤城万仞山。羌笛何须怨杨柳，春风不度玉门关。"②这是很合乎凉州以西玉门关一带春天情况的。和王之涣同时而齐名的诗人王昌龄，有一首《从军行》诗："青海长云暗雪山，孤城遥望玉门关。黄沙百战穿金甲，不破楼兰终不还。"也是把玉门关和黄沙联系起来。同时代的王维《送刘司直赴安西》五言诗："绝域阳关道，胡沙与塞尘。三春时有雁，万里少行人……"在唐朝开元时代的诗人，对于安西玉门关一带情形比较熟悉，他们知道玉门关一带到春天几乎每天到日中要刮风起黄沙，直冲云霄的。但后来不知在何时，王之涣《凉州词》第一句便被改成"黄河

---

① 陆游《老学庵笔记》卷二。

② 廖仲安《关于王之涣及其凉州词》，北京《光明日报》1961年12月31日。

远上白云间”。到如今，书店流行的唐诗选本，统沿用改过的句子。实际黄河和凉州及玉门关谈不上有什么关系，这样一改，便使这句诗与河西走廊的地理和物候两不对头。

从上面所讲，可以知道，我国古代物候知识最初是劳动人民从生产活动中得来，爱好大自然和关心民生疾苦的诗人学者，再把这种自然现象、自然性质、自然规律引入诗歌文章。我国文化遗产异常丰富，若把前人的诗歌、游记、日记中物候材料整理出来，不仅可以“发潜德之幽光”，也可以大大增益世界物候学材料的宝库。

霍普金斯的物候定律，只谈到物候的纬度差异、经度差异和高度差异，却没有谈到古今差异。因为霍普金斯是美国人。美国的建国历史到如今仅200余年（美国1776年才独立），所以美国的气候记录还谈不到古今差别。但是，我国古代学者，如宋朝的陆游、元朝的金履祥、清初的刘献廷却统疑心古今物候是颇有不同的。希腊的亚里士多德，在他所著的《气象学》一章中，也已指出气候、物候可以古今不同。同时从19世纪末叶到20世纪初期，在奥国气象学家汉（J.Hann）的权威学说下，逐渐形成一种成见，以为历史时期的气候是很稳定的，是根本没有变动的。一个地方只要积累了30至35年的记录，其平均数便可算作该地方的标准，适用于任何历史时代，而且也适用于将来。近二三十年来，由于世界气候资料的大量积累，已证明这一观点是错误的。20世纪初期，这种错误的气候学观念，也影响到物候学上。英国若干物候学家之所以组织全国物候网，就是企图求得一个全国各地区的永久性的物候指标，可以应用于过去和将来，如我国《逸周书》所说的，年年是“惊蛰之日桃始华……”实际不是那么简单，我国历史书上充满了物候古今差异的证据。

但从历史上的物候记录，能否证明可以获得永久性的物候指标呢？我们先从西洋最长久的实测物候记录来考验这个问题。上面已经谈过，英国马绍姆家族祖孙五代连续记录诺尔福克地方的物候达190年之久，这长年记录已在《英国皇家气象学会季刊》上得到详细的分析，并与该会各地所记录的物候作了比较。著者马加莱从7种乔木春初抽青的物候记录得出如下的结论：

（1）物候是有周期性波动的，其平均周期为12.2年。

（2）7种乔木抽青的迟早与年初各月（1—5月）的平均温度关系最为密切，温度高则抽青也早。

（3）物候迟早与太阳黑子周期有关，1848年至1909年间，黑子数多的年份为物候特早年。但从1917年起，黑子数多的年份反而为物候特迟年。

我们把近24年来北京的春季物候记录与此作一比较，可以看出北京物候也有周期性起伏。物候时季最迟是在1956年至1957年和1969年，而1957年与1969年正为日中黑子最多年。好像太阳黑子最多年也是物候最迟年。但如前面已经指出的物候和太阳黑子关系是不稳定的，其原因所在至今尚未研究清楚。

从英国马绍姆家族所记录的长期物候，我们也可将18世纪和20世纪物候的迟早作一比较。如以1741年至1750年10年平均和1921年至1930年的10年平均，春初7种乔木抽青和始花的日期互相比较，则后者比前者早9天。换言之，20世纪的30年代比18世纪中叶，英国南部的春天要提前9天。马加莱把18世纪中叶（1751—1785）35年和19世纪末到20世纪初（1891—1925）35年的物候记录相比，也得出结论说，很明显，后一期的春天，要比前一期早得多。①

世界最长的物候记录，即日本的樱花开花记录，虽是单项记录，而且有些世纪，100年当中只有几次记录，也可以作为一个参考。

各世纪樱花开花日期是很不稳定的，9世纪比12世纪平均要早13天之多。上文谈到白居易（772—846）、张籍（768—

① 《英国皇家气象学会季刊》第52卷第50页，1926年1月份。

830？）、苏辙（1039—1112）、陆游（1125—1210）诗文中涉及蜀中荔枝的时候，推论到古今物候不同，推想唐时四川气候可能比南、北宋为温和。从日本京都樱花开花记录看来，11、12世纪樱花花期平均要比9世纪迟一星期到两星期，可知日本京都在唐时也较南、北宋时为温暖，又足为古今物候和气候不同的证据。又在日本京都樱花开放的1100多年的记录中，最早开花期出现于1246年的3月22日，而最迟开花期出现于1184年的5月15日，两者相差几乎达四个节气，即最早在春分，而最迟在立夏以后。

物候不但南北不同，东西不同，高下不同，而且古今不同。即不但因地而异，也因时而异，事实不像霍普金斯定律那样简单。为了预告农时，必须就地观测研究，做出本地区的物候历。我国各地的播种季节和收获时期，是经过劳动人民几百年以至1000年以上与自然斗争才摸索到的，也就是依据当地的气候和物候确定下来的，如要有所变更，必须经过精密的调查、实验和全面的考虑。若贸然行事，便会遭受损失。

以农谚预告农时[1]

古人把一年分为春、夏、秋、冬四季，主要是为了掌握农时。所以汉文“秋”字从“禾”旁，《说文》把秋字当作禾谷熟解释。德文秋字和收获同为一个字，英文秋字的意思即是落叶。可见人类区分季节的时候，就和农事有关。到后来，我国把一年划分为二十四节气，就更明显地是为了掌握农时了。

我国各地区农民掌握农时有很多的经验，有按节气为准的，也有根据物候为准的。这些都反映在农谚中。按节气耕种的农谚：如对于冬小麦播种，北京地区是“白露早，寒露迟，秋分种麦正当时”。华北南部是“秋分早，霜降迟，只有寒露正当时”。安徽、江苏是“寒露蚕豆霜降麦”，到了浙江便成“立冬种麦正当时”。对于水稻、早稻的播种期，浙江是“清明下种，不用问爹娘”。上海是“清明到，把稻泡”。晚稻的播种期，湖北黄冈是“寒露不出头，割田喂老牛”。对于棉花的播种期，北京地区说：“清明早，立夏迟，谷雨种棉

① 本文选自《物候学》，竺可桢、宛敏渭著，科学出版社1980年版，有删节。

正当时。”北方棉区（河北、陕西等省）说：“清明玉米谷雨花，谷子播种到立夏。”南方棉区说：“清明种花早，小满种花迟，谷雨立夏正当时。”

根据动植物的物候为耕种指标的农谚：如对于冬小麦播种期，四川绵阳专区有“雁鹅过，赶快播，雁下地，就嫌迟”；“过了九月九（农历），下种要跟菊花走”；“菊花开遍山，豆麦赶快点”。对于棉花的播种期，华北有“枣芽发，种棉花”。诸如此类的农谚很多，不再列举。可是节气是每年在某一固定日期不变的，而物候现象是各年的天气气候条件的反映，所以，按物候掌握农时是比较合理的。

四　改造自然

中国古代在气象学上的成就①

气象学是人类在生产斗争中最迫切、最需要、最基本的一种知识。人们若不能把握寒暑阴晴的规律，无论衣食住行都会发生问题的。远在3000年以前，殷墟甲骨文中，许多卜辞，都为要知道阴晴雨雪而留传下来。积了多年的经验，到周代前半期，我们的祖先已经搜集了许多气象学的经验，播为诗歌，使妇孺统可以传诵。如《诗经》里“相彼雨雪，先集维霰”，就是说冬天下雪以前，必要先飞雪珠。又如“朝隮于西，崇朝其雨”，意思是说早晨太阳东升时西方看见有虹，不久就要下

① 本文原题《中国过去在气象学上的成就》，系1951年4月16日中国气象学会第一次全体代表大会上的专题报告，刊载于《科学通报》1951年第2卷第6期。近现代部分已删节，编者改为今题。

雨了。到了春秋、战国时期，铁渐渐普遍应用，生产技术和交通工具大有改进，我们天文学和气象学的知识也大大提高。如二十四节气的确定，分至启闭、定期风云的记录，桃李开花、候鸟来往的观察，都在这个时期开始了。《吕氏春秋》、《夏小正》、《礼记·月令》是秦、汉时代的作品，但仍不失为世界上最早讲物候的几本书。从西汉以来我们气候知识逐渐地累积，逐渐地增多，这广大宏富的经验留传下来，在民间成为天气歌词，如“朝霞不出门，暮霞行千里”这类谣谚。到了文人手中，便引入诗章，像苏东坡“三时已断黄梅雨，万里初来舶棹风”这类诗句。中国各地方天气谣谚统是从了解自然现象得来，其数目的众多是世界无双的。过去朱炳海先生已搜集各地方天气歌谣，成为专书，但他所搜集的还不过一部分而已。一般地来说，从西汉以来，我们的气象知识从三方面发展着：（1）观测范围的推广和深入。（2）气象仪器的创造和应用。（3）天气中各项现象的理论解释。在这三方面，我们祖先统有了伟大成就，直到明初，即公元15世纪时代，我们在气象学的认识，许多地方都是超越西洋各国的。

（1）在《史记·天官书》中，气象和天文是混为一谈的。从西汉以后，关于特殊的气候，如大旱、大水、大寒、霜、雪、冰、雹等记载不但继续增加，而且记录的地域范围也不断扩大，这类记录详略很不一致。在各时代，凡是首都所在地的区域，总特别被重视，如东汉时代的河南，唐朝的关中，南宋时代的两浙，气候记载特别详尽。要从这类记录中来断定东汉到明、清1800年气候变迁是有好多问题的。但若加以适当的处理和选择，仍可作为很有价值的资料。如南宋时代首都在杭州，从高宗绍兴元年（1131）到理宗景定五年（1264）的133年间，有40次杭州晚春下雪的记载。从这记载和近来杭州春间终雪，即是春天最后一次降雪日期相比，我们可以推断在南宋时代春天的降雪期，要比近来延迟两个星期，却和上海的终雪期相接近。这就是说，在12、13世纪的时候，杭州的春天要比现在冷到摄氏表1度之多。在我们的史书上和各地方方志上，古代气候记录的丰富是世界各国所不能比拟的。到明、清二朝，天气的记录更要详细些。北平故宫文献馆里，原藏有北京、江宁、苏州、杭州等地的晴雨录，其中最悠久的是北京的记录，从雍正二年（1724）起到光绪二十九年（1903）凡180年之久，每次下雨雪统记载有日月时辰，可惜没有尺寸。

（2）在气象仪器方面，雨量器和风信器统是中国人的发明，算年代要比西洋早得多。《后汉书·张衡传》“阳嘉元年（132）张衡造候风地动仪”，后汉书单说地动仪的结构，没有一字提及候风仪是如何样子的。因此有人疑心候风地动仪是一个仪器，其实不然。《三辅黄图》是后汉或魏晋人所著的，书中说："长安宫南有灵台，高十五仞，上有天仪，张衡所制。又有相风铜乌，过风乃动。"是明明相风铜乌系另一仪器。其制法汉书虽不详，但据《观象玩占》书里说："凡候风必于高平远畅之地。立五丈竿。于竿首作盘，上作三足乌，两足连上外立，一足系下内转，风来则转，回首向之，乌口衔花，花施则占之。"可知张衡的候风铜乌，和西洋屋顶上的候风鸡相类。西洋的候风鸡，到12世纪时始见于记载，要比张衡候风铜乌的记载迟到1000年。雨量器也是在中国最早应用的宋秦九韶著《数书九章》，其中有一算题，乃关于算雨量器之容积。到明永乐末年（1424），令全国各州县报告雨量多少。当时各县统颁发了雨量器，一直发到朝鲜，朝鲜的文选备考中，有一节讲明朝雨量器的制度，计长1尺5寸，圆径7寸。到清康熙、乾隆年间，陆续颁发雨量器到国内各县和朝鲜。日本人和田雄治先后在大邱、仁川等地，发现乾隆庚寅年（1770）所颁发给朝鲜的雨量器。高1尺，广8寸，并有标尺，以量雨之多少，均黄铜制。这是我们所知道的世界现存最早的雨量器，西洋到17世纪才用雨量器。

（3）天气歌谣当是气象学上一种感性认识。天气现象要得到合理的解释，必须从感性阶段发展到理性阶段。如毛主席

《实践论》所讲的："必须经过思考作用，将丰富的感觉材料加以去粗取精、去伪存真、由此及彼、由表及里的改造制作功夫，造成概念及理论的系统"，这在古代的气象知识上尤其重要。因为在中国古代的封建社会里，皇帝的地位是代天行道的，所以一有水旱灾荒，皇帝便想用祈祷或是旁的作为来改动天时。东汉王充第一个指出这种唯心论的不可靠。他的《论衡·明雩篇》里，举了许多例子。他的结论是："人不能以行感天，天亦不随行而应人。"雷、电、冰、雹是空中最可恐怖的一种现象，许多人以为空中的雷神或龙王在作怪。王充《论衡》里龙虚、雷虚两篇，完全把这类迷信说穿了，而且他把雷的起因亦说得合乎近代的理论。他说："雷者太阳之激气也，何以明之，正月阳动，故正月始雷。五月阳盛，故五月雷迅。秋冬阳里，故秋冬雷潜。"王充算是一位唯物主义者，他这种革命主张，应该对于中国科学上建立一种发酵作用，和西洋15世纪时代哥白尼的推翻太阳环绕地球学说一样。可惜他的非难孔孟的议论，不但见忌于封建帝王，而且得罪了当时的士大夫。所以他的学说一直没有被人重视。到了宋朝，气象学上的理论稍稍受到注意。北宋沈括，是很留心天气预告的人。据《梦溪笔谈》里所讲，他的预告天气很精确，受到宋神宗的重视。他出外旅行五更即起，四望星月皎洁，天无片云，才启程前进。到中午以前，即便住下。如此办法很少遇到风暴。到如今四川、贵州各村镇的小客栈门前纸灯上家家写有“未晚先投宿，鸡鸣早看天”的对联，犹是沈括的遗风。沈括解释虹说：“虹，雨中日影也，日照雨，即有之。”可惜他那时不知道有折光反射之理。比沈括稍后，南宋朱熹很留心云雨生成的道理。《朱子语录》说：“气蒸而为雨，如饭甑盖之，其气蒸郁而淋漓。气蒸而为雾，如饭甑不盖，其气散而不收。”这是很浅近的譬喻。一经说破，便觉浅近易知。正如地球绕日，现在妇孺皆知，但以古代那个时候的知识水准，要创立起来这种解释，是不容易的。

从明初以后我国知识分子受了八股文的劫难和束缚，对于气象学理论上就再没有什么贡献。西洋却在明朝末年，因为伽利略和他的弟子发明了气温表与气压表，再加其他物理学上的重要发现，气象学慢慢建立成为自然科学。

二十八宿与浑天仪①

我国有二十八宿，印度也有二十八宿。我们若把中国二十八宿和印度二十八宿相比较，知道中国二十八宿距星和印度相同者有角、氐、室、壁、娄、胃、昴、觜、轸九宿。距星虽不同，而同在一个星座者有房、心、尾、箕、斗、危、毕、参、井、鬼、柳十一宿。其距星之不同属于一个星座者，只有亢、牛、女、虚、奎、星、张、翼八个宿。而其中印度却以织女代我们的女宿，河鼓即牛郎代我们的牛宿。从此可以知道，二者是同出于一源的。这二十八宿究竟起源于中国还是起源于印度，从19世纪初叶起，西洋人热烈地辩论了100多年，不得结论。但从中国二十八宿以角宿为带颈的和牛、女两宿的变动看起来，二十八宿的发祥地无疑是在中国。

二十八宿的全部名称，虽到秦汉时代的《吕氏春秋》、《礼记·月令》、《史记·天官书》、《淮南子》等书里才看到，可是《诗经》里已经有火、箕、斗、定、昴、

① 本文是根据香港《大公报》汇编的丛书《中国的世界第一》付印的。原书涉及各科学领域。其中作者有9篇短文，本集选入1篇。此据《竺可桢科普创作选集》，科学普及出版社1981年出版。

毕、参、牵牛、织女诸宿之名。大概在周朝初年已经应用二十八宿。到战国中期，楚人甘公、魏人石申，著有《甘石星经》。书中载有128个恒星黄道度数和距北极的度数。从这些数目，可以断定这位置是战国中叶，即公元前三百五六十年所测定。西方古代最著名的恒星表要算托勒玫的恒星表，在公元后2世纪所成，系抄录公元前2世纪伊巴谷观测的结果。其中载有1020个恒星的位置。《甘石星经》所载的星数虽然较少，但观测年代却早了200年，而且精密程度也不相上下。西洋最早的《恒星表》是希腊阿列士太娄和地莫切利司二人合著的，也在《甘石星经》之后七八十年，到了东汉和托勒玫同时的张衡，已知“到中外之宫，常明者百有二十四，可名者三百二十，为星二千五百，而海人占未存焉”。张衡创浑天学说；做浑天仪，立黄赤二道，相交成二十四度；分全球为三百六十五度四分度之一；立南北二极；布置二十八宿及日月五星，以漏水转之。某星始出，某星方中，某星今没，和实际完全一样，其精巧为以前中外所未有。张衡不但对于天文有很好的成就，他还发明了候风地动仪。同时他也是有数的文学家和艺术家。他死后崔瑗为之撰碑说他“数术穷天地，制作侔造化”。无疑地像张衡这样的人，在任何时代、任何国家，统可成为一个凤毛麟角的人物。

我国东部雨泽下降之主动力[①]

我国东南季风来自海洋，含充分之水汽，其为雨泽之源，可无疑义。唯此等水汽何由凝结而成雨泽，颇可资研讨，推其原因，必有一种因素，使此气流上升，体积膨胀，温度低降，而所含之水汽乃得凝结为云雨冰雪。上升愈高，速率愈大，则所降之雨泽亦愈多。所以致气流上升之道凡三：曰地形，曰日光辐射，曰风暴；而风暴复有飓与台之别。我国东部各省无绵亘不绝之高山，虽据天台、庐山、泰山、崂山诸测候所之记载，其雨量胜于平地，但此等孤立山峰所成之地形雨，均囿于局部小面积，无关宏旨。日光辐射于地面，使岩石泥土炎热可炙，下层空气与地面相接触，则温度升高，体积膨胀而上腾成对流。由对流作用而使近地面之潮湿空气扶摇直上，因以行云致雨者，是即夏季之热雷雨，以阳历7、8两月为多。

北京、济南之雷雨集中于夏季6、7、8三个月，至长江流域则春季3、4、5各月雷雨亦渐盛行，至广州则春季雷雨之多，

① 本文选自《东南季风与中国雨量》，刊载于《中国现代科学论著丛刊》——气象学（1919—1949），科学出版社1954年版，有删节。

不亚于夏季矣。

风暴有台风与温带风暴之别。台风源于热带，故称热带风暴，与温带风暴性质不尽相同。台风初由东南趋向西北，入温带后改道由西南趋向东北。温带风暴则概自西向东，或自西南趋东北，或自西北趋东南，鲜有自东趋西者。此二者皆能使地面附近之空气上升，因以腾云致雨，而其种因则不同。温带风暴由于来源不同，温度、速度悬殊之两种空气相遇于一处，结果遂成所谓不连续面，热气流受冷气流之袭击而上升，遂以造成云雨。我国冷气流，冬季来自西伯利亚与蒙古，夏季则取给于东北太平洋。暖气流则渊源于南海，东南季风即挟载暖气流至中国之最重要工具也。闽、粤一带地处南陲，冷气流至此已成强弩之末，故温带风暴鲜有莅止者。长江流域在冬春之交为冷暖气流互相消长之地，故3、4、5、6各月长江流域飓之数亦特多。华北与东北则春、冬、秋各季风暴之数远在长江流域之后，但一交夏令，则飓风反多于长江流域。盖当6、7月之交，东南季风盛行于我国，长驱直入以至蒙古边境，此时冷热空气流交错之处北移，不连续面亦随之以北，华北、东北之雨量乃因以激增。

台风或热带风暴则起源于赤道左近，北半球之东北信风与南半球之东南信风相汇集而成旋流。此二种气流温度不相上下，故无不连续面存在其间。但因二者风速、风向不相同，故卷成涡流；涡流既生，气压降低，而四方气流群趋之，使中心之气流上升遂成旋风。太平洋中菲律宾群岛之东部，于夏、秋之交，为南北两半球信风交错之处，故是处最易产生台风。台风成立而后，渐向西北移动，由吕宋、琉球、台湾而侵闽、粤、江、浙之沿海。凡其所至吸引附近空气卷入漩涡，而使之上升，酿成滂沱大雨。

综上所述，足知降于我国各部之雨泽，乃由东南季风自南海挈载而来。然东南季风所含水汽非使其上升则不能酿成云雨。而上升之道或由于山岭之梗阻，或由于日光辐射之吸收，或由于不连续面，或由空中之旋流，因是而有地形雨、雷雨、飓风雨与台风雨之别。在我国东部连绵不绝、嶙峋巍峨之山岭，尚只限于局部，故地形雨不占重要位置。雷雨除华南而外，只限于夏季6、7、8各月。台风雨影响于闽、粤沿海最大，而集中于7、8、9各月。飓风雨则各月皆有，唯华北在冬季因空气干燥，故虽有飓风而无雨；华南则冷气流已成强弩之末，故终年飓风甚鲜；长江流域所受于飓风雨赐者独多，此所以长江流域各月雨量之分配亦较华南、华北为平均也。

论祈雨禁屠与旱灾[①]

本年（1926）自入春以来，长江、黄河之下游，以及东北沿海一带，雨量极形缺乏。据上海徐家汇气象台之报告，上海本年雨量之稀少，为34年之所仅见。计自阳历1月至5月，本年合共雨量只抵往年同时期内平均61%。山东、直隶、奉天（今辽宁）各省，亦纷纷以旱灾见告。于是各省当局，先后祈雨禁屠，宛若祈雨禁屠，为救济旱灾之唯一方法。此等愚民政策，若行诸欧、美文明各国，必且被诋为妖妄迷信，为舆论所不容。而在我国，则司空见惯，反若有司所应尽之天职，恬不为怪。夫历史上之习惯，是否应予以盲从；愚夫愚妇之迷信，是否应予以保存，在今日科学昌明之世界，外足以资列强之笑柄，内足以起国人之疑窦，实有讨论之必要也。

大旱祈雨之事，在我国起源极早。《周礼·司巫》云，若国大旱，则师巫而舞雩。又《女巫》云，旱暵则巫雩。《礼记·月令》云，命有司为民祀山川百原乃大雩。《诗·桑柔》：

① 本文原载于《东方杂志》，1926年第23卷第13期，有删节。

倬彼云汉，昭回于天。王曰于乎，何辜今人！天降丧乱，饥馑荐臻。靡神不举，靡爱斯牲。圭璧既卒，宁莫我听？

旱既大甚，蕴隆虫虫。不殄禋祀，自郊徂宫。上下奠瘗，靡神不宗。后稷不克，上帝不临。耗斁下土，宁丁我躬。

又汉何休注《春秋公羊传》曰：

旱则君亲之南郊，以六事谢过自责：政不善欤？使人失职欤？宫室崇欤？妇谒盛欤？苞苴行欤？谗夫昌欤？使童男童女各八人而呼雩也。

在君主专制时代，天子抚有兆民，代天行使职权，偶有灾荒，即当引咎自责。“故耗斁下土，宁丁我躬”之口吻，出之于当时之天子，极为得当。即在今日视之，亦只能认为科学未明，知识不足，要非敷衍之政策也。自来祈雨之诚，无过于北宋之张士逊。《宋史·张士逊传》：[①]

---

①《宋史》卷三百十一。

士逊字顺之……为射洪令，后知邵武县，以宽厚得民。前治射洪以旱祷雨白崖山陆史君祠，寻大雨，士逊立庭中，须雨足乃去。至是邵武旱，祷欧阳太守庙，庙去城过一舍，士逊彻盖，雨霑足始归。

张士逊之愚，虽不可及，而其诚要足嘉，以视普通官吏之祈雨为循行故事，官样文章者，已足多矣。

且我国号称共和，则上自总统，下迄知事，应对于人民负责。旱潦灾荒，须备患于未形，植森林，兴水利，广设气象台。不此之图，而唯以祈雨为能事，则虽诚悫如张士逊，夫亦何补哉？

禁屠善政也，若干科学家主张蔬食不背于卫生，而在人满为患之中国，则蔬食尤宜提倡。据英国第二生产率委员之调查，谓“每100英亩的土地，若种马铃薯，可以供给420个人的食用；若种草饲牛，便只能供给15人”[1]。足知日食膏粱之靡费。世界人口日多，恐将群趋于蔬食之一途。唯禁屠何为必于旱潦之时，则殊无理由之足言。禁屠与祈雨并提，其俗大抵传

① 武堉干译《人口问题》第29—30页。

自西域。秦、汉之际，未闻有此习俗。六朝梁武帝酷好佛教，舍身同泰寺者屡矣，而武帝天监元年（502）、十年（511）均有事于雩坛。大同五年（539），又筑雩坛于籍田兆内，四月后旱，则祈雨行七事：一理冤狱及失职者，二赈鳏寡孤独，三省徭役，四举进贤良，五黜退贪邪，六命会男女恤怨旷，七彻膳羞弛乐。[①] 此与何休注《公羊传》所引大同小异，特增六事至七事，而彻膳羞弛乐为何休注所无，实开后世禁屠祈雨之滥觞。《北齐书》：

> 孟夏后旱，则祈雨行七事（如梁之七事）。七日祈岳镇海渎，及诸山川能兴云雨者，又七日祈社稷及古来百辟卿士有益于人者，又七日乃祈宗庙及古帝王有神祠者，又七日乃修雩祈神州，又七日仍不雨复从岳渎以下祈礼如初。秋分以后，不雩但祷而已，皆用酒脯。初请后二旬不雨者，即徙市禁屠……

据南宋郑樵《通志》所载，则我国历史上禁屠以祈雨，当以此为始。六朝之际，胡僧往来频繁，其影响于我国之风俗习

---

① 郑樵《通志》卷四十二，《礼略一》“大雩”条下。

惯者颇多，而以北朝为甚。则禁屠以祈雨，非我国本有之习俗，乃传自胡僧，安可以为后世法？况当时祈雨行七事，而彻膳羞列于殿，其视为无足轻重可知。苟欲师法前人，亦不当舍本逐末。而近代官吏每逢干旱，不理冤狱，不赈鳏寡，不省徭轻货，不黜退贪邪，而唯硁硁于屠之是禁，不亦数典而忘祖耶？

但苟在今日无冤狱之可理，无鳏寡之可恤，无徭货之可轻，无贪邪之可黜，犹可言也。特今日之军阀，往往为一己之地盘，不惜牺牲数千百无辜之生灵。自我国有历史以来，人民在水深火热之中，如现代者，亦不多觏，然则如欲禁屠以免天谴，亦应自禁军阀之屠戮人民始。

但祈雨之迷信尚有甚于禁屠者。去岁7月湘省旱灾，省当局迎陶、李两真人神像入城，供之玉泉山。不雨则又向药材行借虎头骨数个，以长索系之，沉入城外各深潭之中，冀蛰龙见之相斗，必能兴云布雨。又无效，则迎周公真人及所谓它龙将军者，并供之于玉泉山庙。仍无影响，则又就省公署内，设坛祈雨，按照前清纪文达公《慎斋祈雨》印本。此事载诸去岁7月沪上各报，[1]事将一载而尚未见更正，当为事实。幸7月14、15

① 《上海申报》1955年7月22日。

日，长沙一带，即有骤雨。若不然者，当时湘省当局必另设新奇玄妙之方法以祈雨。长沙既不在沙漠带内，则在盛夏之际，天天祈雨，当必有奏效之一日也。

《左传》虽有“龙见而雩”之言，《易》虽载有“云从龙”之说，但媚龙以求雨，古时叙述最详者当推汉之董仲舒。依《春秋繁露》，[①]则春旱求雨以大苍龙，夏以大赤龙，季夏以大黄龙，秋以大白龙，冬以大黑龙。此外尚有取虾蟆、燔豭猪之术，其说荒诞不经。董书早有人疑其为伪，或为隋、唐时人所作，亦未可知。自魏、晋以后，佛教盛行于中国，而召龙致雨之法，遂为当时人主所倚重。《图书集成》[②]载：

> 僧涉者，西域人也，不知何姓。少为沙门，苻坚时，入长安，能以秘咒下神龙。每旱，苻坚使之咒龙请雨，俄而龙下鉢中，天辄大雨。

又唐李德裕《明皇十七事》谓：

---

① 《春秋繁露》卷十六，“求雨第七十四”。伪造说见姚际恒《古今伪书考》。

② 《古今图书集成》，历象汇编，《乾象典》卷八十四书事之六。

玄宗尝幸东都，天大旱且暑，时圣善寺有竺乾僧无威号三藏善召龙致雨之术……

足知召龙致雨，为西域印度僧人愚人之术。至于礼拜偶像，其属迷信更无足声辨。近者风传鲁省当局，又有焚千佛山鸣炮打龙王之说。《春秋繁露》[1]谓："大旱雩祭而请雨，大水鸣鼓而攻社。"则今之大旱鸣炮而攻龙王者，固亦无足异也。

但我国古时执政者，留心民事，其补救旱潦，不出以迷信而以科学方法者，则亦代有其人。所谓科学方法者何？即实测各州县历年之雨量，洞悉各种农产水量需要之多寡，然后因地择相宜之农产而种植之，使季候不致失时，旱潦不致常见是也。要而言之，则测量雨量实为救济水旱灾荒之唯一入手方法。因不然，则不能知该地之适于何种农产，遑论其他。而调查雨量，我国自汉以来即有之。郑樵《通志》[2]载：

后汉自立春至立夏尽立秋，郡国上雨泽，若少，郡县

① 《春秋繁露》卷三，"精华第五大雩"条下。
② 《通志》卷四十二，"礼略"下。

各扫除社稷，公卿官长以次行雩礼。

又顾炎武《日知录》[1]谓：

洪武中，令天下州长吏，月奏雨泽。盖古者龙见而雩，《春秋》三书，不雨之意也。承平日久，率视为不急之务。永乐二十二年十月（仁宗即位），通政司请以四方雨泽章奏类送给事中收贮。上曰："祖宗所以令天下奏雨泽者，欲前知水旱以施恤民之政，此良法美意。今州县雨泽，乃积于通政司，上之人何由？知又欲送给事中收贮，是欲上之人终不知也。如此徒劳州县何为？自今四方所奏雨泽，至即封进朕亲阅也。"

仁宗所谓"欲前知水旱以施恤民之政"，确为扼要之言。所以防患于未然，意至善也。以视今之禁屠祈雨，灾象已成而始临时抱佛脚者，其识见固不可同日而语也。

且我国古时之测雨量，其为法亦甚精密，其仪器制法，在我国虽已湮没无闻，而在朝鲜之文献中，犹可得其梗概。《西

① 顾炎武《日知录》卷十二。

游记》唐魏征梦龙王语云：

> 明日辰时布云，巳时发雷，午时下雨，共得水三尺三寸零四十八点……

其语虽似神话，但至少可知元、明时代，[①]我国曾有以尺度量雨之观念。而我国古代之曾有量雨器，则可以朝鲜之记录证之。朝鲜之有量雨器，始于李朝世宗七年，即明仁宗洪熙元年，亦即成祖去世之翌年（1425）。[②]其制度具见《朝鲜文鲜备考》中计长1尺5寸，圆径7寸。明成祖既极关心于雨量之测度，则当时朝鲜之测雨器，必传自中国无疑。惜其器至今无存者，但已足以确定量雨器为我国所发明，盖欧、美各国至17世纪中叶始有是器也。

迨前清康熙时（朝鲜肃宗），复制有测雨器，分颁各郡，高1尺，广8寸，并有雨标，以量雨之多少，每于雨后测之。均系黄铜所制。日人和田雄治在大邱、仁川、咸兴等处，先后发见乾隆庚寅年（1770）所制之测雨台，如图所示。由此可知我

---

① 《西游记》为元、明时人所作。

② 此处年代依藤原咲平，云を掴い话，东京，第151页。

国自洪武、永乐以来，其测雨之制度仪器，已不无蛛丝马迹之可寻。若在他国，将以先欧、美各国而发明自豪，而在我国人士则懵然无所知，其父析薪，其子弗克负荷，可胜叹欤！

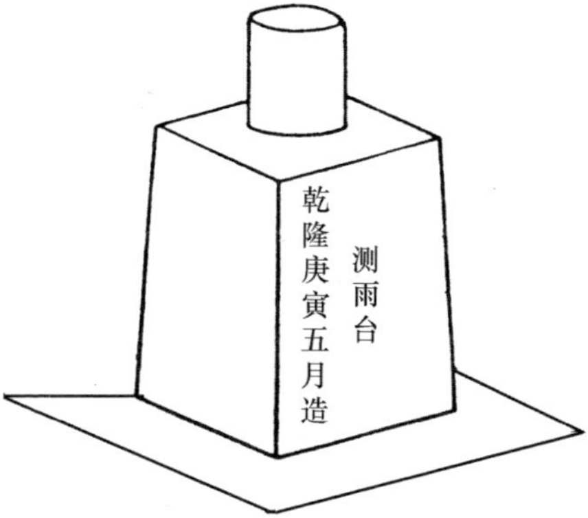

1922年，中华教育改进社在济南开年会时，中央观象台曾有请各省于每县择一中学或小学担任报告雨量及暴风雨案，当经大会议决，并由教育部行文至各省教育厅，训令各县办理其事。计其所费仪器一项，不过5元之数，洵可谓轻而易举。乃各省县均置若罔闻，视为虚文，至最近则教育部以经费支绌，竟有以中央观象台抵押借款之说矣。在平时不讲求以科学之方法调查雨量，及至旱魃为灾，乃唯知祈雨、禁屠、求木偶、迎龙王。以我国当局之所为，而欲列强之齿我于文明诸邦之列，安可得哉？

禁屠祈雨，迎神赛会，与旱灾如风马牛之不相及，在今日科学昌明之时观之，盖毫无疑义。欲明此理，吾人不得不研究雨之成因。雨乃由空中之水汽凝结而成。凡近地面之空气，均含有水汽，不特海洋旷野上之空气有之，即沙漠中之空气亦包含有若干。空中之降雨与否，要视乎水汽之能否凝结为雨点而定。凡空中温度愈低，则其所能含受之水汽亦愈少，是故空中温度若由寒而热，则必吸收地面上之水分；若由热而寒，则空中一部分之水汽即凝结成云、雾、雨、雪。是以空中温度之低降，实为降雨之最要条件。《朱子语类》：

> 气蒸而为雨，如饭甑盖之，其气蒸郁而淋漓。气蒸而为雾，如饭甑不盖，其气散而不收。

朱晦庵所引比喻虽确切，但言其然，而不明其所以然。镬中之水由燃烧达沸腾点而汽化上升，饭甑之盖，温度较低，故水汽遇之而凝结，此其理最明显。大地之上雨雪之成，殆亦类是。雨之所以成者，由于水汽温度低降达露点而凝结，而温度低降之原因则由于上升。特地面非若鼎镬之受爨炊，其上升之原动力则不同耳。

然则地面上之空气曷为上升乎？其故有三，而其结果皆足以致雨。

（1）由于海洋上或平地上之空气吹向山麓，逼迫使之上升。《天中记》[①]载：

> 大小漏天，在雅州西北（今西川雅安县），山谷高深，沉晦多雨。黎县常多风，故有黎风雅雨之称。

雅州之多雨固由于地面之高，易受上升之风也。世界雨量最多之地，首推印度喜马拉雅山麓之乞拉朋齐（Chirrapunji），每年达11000毫米，十倍于上海、南京等地常年所受之雨量。其雨量之所以丰沛，亦与四川雅安同一原因。此外如南美安第斯山，北美希埃拉山，欧洲之阿尔卑斯山，皆为多雨之区，亦职此故。

（2）地壳内之热量，对于空气之温度虽不能生若干之影响，但垂丽于天之日球，其光芒达于地面，使岩石之温度激

① 明代陈耀文《天中记》卷三引《梁益记》。又江西牯岭亦多雨，较九江约多40%。

增，有类朱晦庵所喻之饭甑也。空气经蒸热而上升，遂以成云致雨。此等雨多为局部的，夏日之雷雨即其例也。火山爆发时挟巨量之热气熔岩上升，亦能致倾盆之大雨。

（3）但大多数之雨量，均为风暴所造成。风暴之组织，本篇以限于篇幅，不能叙述。但据近代挪威教授皮雅克尼斯（Bjerknes）之说，则风暴中之所以降雨，乃由两种温度不同之空气，一来自南，一来自北，二者相遇，寒者重而热者轻，于是温暖之空气乃为寒冷之空气所逼而上浮。在温带中各处春、秋、冬三季之雨量，大抵起源于风暴。

空气之上升，虽为降雨之最要条件，但必空中本含有多量之水汽而后始有效。是故沙漠中地面温度虽高，虽有风暴，而卒不降雨。滨海之地以及各岛屿上，雨量极为丰富，则以其空气之湿润也。

综上所述，足知焚山放炮，虽足以酿成空气之上升，但力不足以致雨。美国之天然林，往往因故被焚，延烧数十百里，热气上腾，而成云者有之，但因而降雨者则尚未有所闻，至于禁屠迎会，其不能影响于云雨也盖明甚。

然则气象台之设立，果足以阻止旱灾之流行欤？曰，是又不然。气象台之责任，首在调查各地雨量之多寡，以及历年来雨量变迁之情形。次则在于说明各年度、各地方雨量变迁之原因。知雨量变迁之原因，则虽不能消弭旱灾于无形，但亦可防患于未然。我国之调查雨量，虽于后汉已见其端，至明初而制度大备。但迄今欧、美各国，虽均从事于此，独我国返落人后。国内各地历年雨量之记录，反赖法、日、英、俄诸国人士得以保存。

我国各处雨量多寡不一，多者如香港达2000毫米，牯岭达2600毫米，少者则新疆疏勒年仅87毫米。西藏之拉萨与江孜不过200毫米至350毫米，但旱灾并不视乎一地点雨量之多寡而定。盖雨量稀少之处，其所种植之农产，耕耘之制度，以及人口之多寡，均与雨量丰沛之处不同。古代人民已按各地之环境，相地之宜，而培适当之农产品。故雨量最少之地，未必为旱灾最酷之处也。

旱灾之多寡，实视乎一地雨量变更之程度而定。设甲乙二地，平均雨量每年均为1000毫米，苟甲地雨量年年无大出入，总在1000毫米左右，而乙地则有时仅500毫米，而有时则达1500毫米，其总平均之数虽与甲地不相上下，但甲地风调雨顺，而乙地则水旱频仍矣。

东亚各国，因在季风带内，故雨量多寡之变迁，远过于欧洲。雨量变迁之剧烈与否，在气象学上，以雨量之变率定之。以一地之平均雨量作为百分，则变率者，即各年雨量与平均相差之百分数。设甲地雨量第一年为1000毫米，第二年亦为1000毫米，其变率即等于零。又设乙地之雨量第一年为500毫米，第二年为1500毫米，其平均虽与甲地相等，但乙地雨量之变率即为50%。变率复可以两种方法定之：一曰平均变率，即各年变率之平均百分比也；二曰最高百分比或最低百分比，即在若干时期内，雨量最丰之年或最少之年之百分比也。

依德国气象学家汉恩（Hann）之推算，则欧洲各处雨量之平均变率为12.5%，西伯利亚为25%。故西伯利亚雨量之变率，倍于欧洲，苟施以开垦，则旱潦势必多于欧洲。但在我国，则雨量之变率，较西伯利亚为尤大。如南京之平均变率为28%，至于黄河流域，变更当尤为剧烈。旱灾之来，在于雨量最少之年份，其理至明。1920年，北京雨量之数仅及常年44%，卒酿民九北方五省之旱灾。本年前5个月，上海雨量仅及常年的61%，内地尤少，南京不过常年的45%，若于梅雨期内不多降甘霖势亦必酿成旱灾也。欧洲50年间雨量最高之数达平均152%，最少之年达常年的54%。在同时期内，印度雨量之最高百分比达214%，最小百分比仅37%。知乎此，则印度之所以不时饥馑荐臻者，不难晓然也。我国各处极少50年继续不断之雨量记录，有之，则唯上海徐家汇之记录。自1873年至1922年

50年中，上海雨量最高百分比为138%，最小百分比为60%。但上海以接近海洋，实不能代表中国全体。愈至内地则百分差亦愈大，如南京自1904年至1923年中，最高百分比即达160%，最小百分比为53%，已较欧洲之变率为大矣。

以上所述，均关于气象台记录雨量与计算变率之方法。至于雨量多寡之能否预告于事先，乃另一问题。目前欧、美各国气象台，其预告天气仅限于36小时以内，其预告一周以内之天气者，已属鲜见。至于数月或半年以后之雨旸寒燠，则无一气象台愿做正式之预告者，诚以气象学尚未发达至一程度，可以预料半年后之天气而有把握也。

但有若干气象家，业已尽力研究长期预告之方法，而尤以印度与日本之气象家为尤。因两国均多旱灾，欲避免其切肤之痛也。印度气象局局长英人沃克（Walker），且已研究得有良好之结果，可以于年终时预料翌年印度夏季之雨量，其正式预告不久将施诸实行，若再加以年月，旱灾之来，或可预防于事先也。

但气象学家欲为长期的预告，其术固何由乎？依现时所知，则最有希望之途径有三：（1）以过去本地或他方之气候状况，测本地将来之气候状况。（2）以现在海流之情形，测将来之天气。（3）以日光之发射热量之多寡，测将来之气候。试分述之：

（1）印度气象局局长沃克之能在本年之冬预告翌年夏季之雨量者，即用此术。沃氏研究世界各地历年来气候状况之变化，广为搜罗，遂知各地气候要素均互有关系，如手臂之相连，其结果具见英国气象局所出之报告中。由此研究，沃氏断定印度冬季气压之高下，足以左右翌年夏季雨量之丰歉，而其预告即根据于此。

日本中央观象台台长冈田武松氏对于此项研究，亦颇有所贡献。冈田以日本米之收获量，与阳历7、8两月之温度最有关系，故其研究特注意于日本7、8两月之温度。据冈田研究结果，知上海在阳历1月至3月间气压之变率，极足以影响于日本7、8月间之温度，其相关系数达0.78之多，关系可谓密切。故知上海春季之气压，实足预料来秋日本米价之平昂也。

（2）洋流对于大陆上气候之影响，至为深厚。欧洲西北部各国气候之所以良好，其受赐于墨西哥洋流者，颇非浅鲜。近来气象学家日渐感觉测量海水温度之重要，以其足以影响于大陆上之雨量，且可赖以测旱潦也。如美国加利福尼亚州之麦克尤恩（G.F.McEwen），在1923年秋即能预料该处是年冬季雨量之缺少，盖美国西部沿海海水温度高，即为次季雨量稀少之预兆也。明诗综引琼州谚云："海水热，谷不结。海水凉，谷登场。”①

虽为俚谚，实有至理存于其中，其详细原理，当另为文论之。约而言之，则我国各处气压冬高而夏低，是以雨量夏丰而冬欠。若春、夏之交，海水热，则其结果能使海洋之气压低减，而大陆上之气压增高，雨量必减少，而灾象成矣。

日本自大正二年东北地方北海道等地发生大饥馑，遂引起一般人士预知天气之渴望。于是农商务省农务局、东京帝国大学、西原农事试验场、北海道帝国大学等诸机关均开始研究长期预告天气之问题。当时远藤、安藤、稻垣诸博士，对于长期预告天气之方法曾各发表意见，大抵注目于海水之温度与太阳中之黑子，为解决此问题之枢纽。

（3）地球上之所以有冬夏昼夜，所以能降雨生风，全赖于日光。日光之强弱，稍有变迁，则地球上之气候立受影响。美国史密森学社（Smithsonian Institution）自19世纪末叶以来，即注意于日光辐射量之测定。至近20年来，其测量方法乃益臻精密，证明日球所发射之热量日有变迁。至1922年7月间，南美洲阿根廷中央观象台，乃根据史密森学社天文台每日所报告日光辐射量之多寡，以预测一周以内之降雨量，结果甚为佳良。将

① 清代朱竹垞选《明诗综》卷一百，杂歌俚谚第一百五十五首。

来日光研究更为精密，则长期之天气预告亦意中事也。

日中黑子与日光辐射量，亦至有关系。日中黑子之发明，首在我国，故历史上自晋代以后，即有记录。其能影响于气候，当可无疑，特其能影响至如何程度，则不可知耳。但将来日光辐射之测量更臻精密而后，其足以为长期预告之利器，亦在意料中也。

旱灾之多，在世界上我国当首屈一指。则政府人民，当如何利用科学以为防御之法，研究预知之方，庶几亡羊补牢，惩前或可以毖后。若徒恃禁屠祈雨为救济之策，则旱魃之为灾，将无已时也。

纸鸢与高空探测①

探测高空的利器最要的有三种：（1）风筝或纸鸢；（2）气球；（3）飞机。

三者之中以纸鸢起源为最早，而且是我们中国人所发明的。《韩非子》里说："墨子为木鸢，三年成飞。"此或系

① 本文选自《高空之探测》，原系1932年11月18日在中央大学地理系演讲稿，刊载于1934年《科学》第18卷第10期，有删节。

无稽之谈，不足征信；但《通鉴》载：“梁武帝太清三年，有人献纸鸢。”依《裨海》本唐李亢撰《独异志》：“侯景围台城，简文飞纸鸢告急于外。”则至迟六朝时代，我国已知用纸鸢为战用品矣。以纸鸢测量高空，始于英国人威尔生，于1749年在格拉斯哥（Glasgow）地方，以风筝带温度表高达云层，不久美国著名政治家富兰克林（B.Franklin）用风筝证明下雷雨时的电闪，和人造电池里的电是一样性质。当时欧洲所用风筝，大概系丝织品所制。到1832年澳洲人哈克莱扶（Horgrave），开始用方箱式风筝。后来各气象台所用风筝多仿是式，其中可安放仪器以测量空中之温度、湿度、电位等等。在19世纪末叶，施放风筝极为通行，美国人罗奇（L.Rotch）、法国人波特（Teisserene De Bort）尤为热心，几于每日施放。近20年来，因为飞机和气球的应用更为便利，所以风筝施放逐渐减少了。

风筝的测探高空有三个缺点：第一个缺点在于风力小时不能施放。普通方箱式的风箱，非有每秒钟7米（约每小时15英里）的风力不能上升，就是改良德国式的风筝，亦要每秒钟4米的风力。所以浙江一带乡村中有句俗语，叫“正月看灯，二月看鹞”。鹞就是纸鸢，江浙一带，一年中风力最大的是在阳历3月即阴历二月，所以放纸鸢必在阴历二月间也。明王逵撰的《蠡海集》有云："即纸鸢以观之，春则能起，交夏则不起。" 亦是因为风力春强而夏弱也。风筝的第二个缺点是高度的限制。风筝的上升既全恃风力，他的本身和牵拉的绳索统比空气重，所以升腾的高度极为有限，普通不过二三公里为止，鲜有能达五六公里。历来风筝所达最高的纪录是9.47公里，尚不到10公里也。第三个缺点是牵拉风筝线索所能引起之危险。中国放风筝普通用麻线、棉绳，在欧、美目前统用钢丝。数万千尺的钢丝，在空中翱翔，妨碍飞机的航行，所以飞机往来络绎的地方，寻常禁止施放风筝，军政部航空署亦曾在首都附近禁止人民放纸鸢，万一钢丝中途断折，更可发生意外。有一次波特在巴黎放风筝，钢丝被风吹断，万余尺的钢丝随风飞舞、四散横披，结果河中船舶当之竟为覆没，甚至搅阻铁路轨道，火车为之停驶。1932年10月3日，国立中央研究院气象研究所在北京清华园施放风筝，亦以风力过强、上下风向不同，万余尺的钢丝竟随风飘扬而去。后以汽车追逐，费一小时余而得收回，竟未肇祸尚称幸事。

气球航行之历史[①]

不翼而飞，古人称奇。然公输班造木鸢以攻宋，已见《墨子》。而希腊古书亦相传第达拉斯（Daedalus）能以鸟羽膏擘，飞腾空中，往来自如。降及中世，罗球·倍根已预料人生将来之能航行于空中。足知吾人天赋比重虽较空气大至数百倍，然其冲霄之志，欲登青云而直上，则由来然矣。

特以上所述，不过哲学家之幻梦耳，画饼充饥，尚未能见诸实行也。空中航行实始于15世纪之末叶而盛于18世纪之中叶。1766年英国著名化学家卡文迪什（Cavendish）发明氢气，自后翱翔空气，出入浮云，遂易如反掌。按空中航行之利器约可分为两种：（1）飞船，齐柏林飞船其尤著者也；（2）飞机，如柯蒂斯（Curtis）双叶飞机。飞机犹鸟，其比重远大于空气，所以能行空致远者，全赖机械运行之力。飞船则不然，其本身之比重，实较空气为轻，故其上升犹舟之浮于水。飞船、飞机科学之理既异，故进化之历史各殊。

---

① 本文选自《空中航行之历史》，原文连载于《科学》，1919年第4卷第8期、第12期；1920年第5卷第2期。题目为编者所加。

13世纪中叶，罗球·倍根提倡以热空气置诸薄片铜球内以行空，事虽不果行，实为近世气球之滥觞。至1670年拉那（Lana）仿倍根之说而更进一层，即取四铜球抽尽其中空气而置之于舟旁以代楫，冀变此浮沉之舟为冲霄之鸟。然铜球面壳力弱，不能抵御外界空气之压力，至不适用，然其意可嘉矣。以飞船行空者，当首推巴西人孤斯茅（Gusmao）。孤斯茅别名“飞将军”，于1709年8月8日在葡京里斯本王宫内，乘一热空气球上升，高与屋齐，“飞将军”之名遂闻于全欧。彼乘球上升，高不过百尺，时不过片刻耳。

自卡文迪什发明氢气以来，而气球遂通行于西欧。1783年，法人孟特哥尔飞（Montgolfier）偕其弟悉心试验，或以氢气，或以热空气，盛于不出气之布袋内而使之上升，自数百尺至数十尺不等。翌年6月乃广告众庶，约于某日在法国安诺内（Annonay）放气球，至期观者塞途。孟特哥尔飞乃以火燃麦秆羊毛，而将其烟雾灌入布袋内，至袋胀至23000立方英尺时乃放而纵之。袋渐升渐高，直入云霄，至6000英尺始下降。盖袋中热气与外面空气相触，渐变寒冷，以致袋缩也。降时速率极缓，故虽坠于垄亩之中而禾黍无伤，观者均啧啧称羡。未久而此事已轰动全国矣。

法国科学会闻信即遣人往安诺内聘孟德哥尔飞昆仲，往巴黎重放气球，并调查6月5日放气球的一切情形。然巴黎急不能待，皆以早睹为快，乃捐银10000镑，令著名物理学家查尔斯（Charles）[1]与机匠罗培德立即造气球。查尔斯乃独出心裁，精益求精，不用烟雾而用氢气，不用麻布而用丝绸。其制氢气也，将铁屑半吨倾诸硫酸500磅，经三日始得氢气足以装满此长径13英尺之丝制气球。该球外面涂满橡皮，俾氢气不能透出。诸事具备后，于1873年8月27日晨巴黎之陆军操场试放，时大雨倾盆，然观者仍摩肩接踵，倾城而来，计达5万人。至傍晚6点钟时，忽闻炮声隆然，则氢气球逐渐上升，球形愈高愈小，隐现出没云雾中，至半英里时状仅大如拳耳。当时巴黎人士，见所未见，莫不咋舌引颈，神与具驰，直至不能见时而散。散后三五成群，议论纷如，或谓气球可以侦敌情、破竞旅，或欲乘以越峻岭、渡弱海，任心而绕地球，信口至谓星可以摘、月可以捕矣。

气球升愈高，则球外空气压力愈小，球内氢气因以膨胀，丝遂为裂，乃下降于一村中，村名阁南瑟（Gonesse），离巴黎仅20里。村民见一巨物凭空下降，以为妖异，为恐祸之将及踵也，均惊骇奔窜而祈诸牧师。牧师本亦一无科学知识者，不知

① 查尔斯即发明热学查尔斯定律（Charles law）之物理学家。

气球为何物，乃率众侦视气球之所在，不敢直接前往，乃绕道而行。有顷，村民愈聚愈众，见此庞然大物，无声无臭。初则仅敢远望，继乃逐渐趋近，有胆略壮者，以鸟枪击之。球本含氢气无多，为枪子穿后，氢气即由孔中逸出，球遂顿扁。村民知此怪物之无足惧也，乃争先恐后，群持斧槌农具向球乱击，而以斩余之丝条系于马尾，招摇过市，大声吆喝，如奏凯旋。法政府得此消息，即布文告于全国，谓气球乃近来科学上之新发明，不能殃人祸国、无事滋闹云云。阁南瑟人民乃复安居乐业如常。

数日后，孟特哥尔飞赴巴黎。彼乃首倡气球之人，自不甘落查尔斯之后。抵巴黎后，制一极大之气球，圆径46英尺，仍以氢为升空之气，至9月19日，于浮萨野王宫内演放之，球下系以一篮，内置羊、鸡、鸭各一，观者除路易十六及其皇后外，王公贵胄莫不毕至。气球离地后，冲霄直上，速率甚大，于8分钟内已横行2英里许，而抵1400英尺之高度。下降后，村人急趋观之，则篮中之鸡犬固无恙也。

孟特哥尔飞另制一气球，较前更大，容积10万立方英尺，高85英尺，广48英尺。下垂一篮，可以容人。并预置柴薪若干，欲升则多置柴薪于炉内，浓烟入球内，气球即轻；若不加薪，则球内温度减低，气球因而下降。此法诚善矣。但乘气球以升高，在当时实为一破天荒之举。虽孤斯茅曾于百五十年前冒险上行，然其高不过百尺，不能与孟特哥尔飞之气球同日语也。故当选实难其人，欲以罪囚二作为试验品，以为彼等罪在不赦，即死于此役，则与正法同归于尽；若幸而无恙，则彼等且可逃生矣。议未定，时巴黎人有名罗齐尔（Rozier）者，血性男子也，闻此大为不然。谓法人首先发明空中航行，乃法国之荣幸，首先乘气球上升者，将来必可名垂史册，岂可以一二大罪人而当此极名誉之重任乎？遂自荐。有阿兰特伯爵者（Marquis d' Arlandes），亦冒险家也，愿与罗齐尔同行。伯爵本与罗齐尔有旧，尝相偕乘锭泊气球上升，固患难友也。于1783年11月21日下午2时，二人乘孟特哥尔飞气球上升。于车中并携清水一瓶、小炉一具，水以防不虞，薪以制热气，升至300英尺时，罗齐尔与伯爵向下脱帽为礼，观者大喝彩。二人在车中计共20分钟，时因南风甚竞，故气球飞行5英里，下降于一田家。罗齐尔与伯爵乘车回巴黎，当时欢迎之景象，可想见矣。

气球之可以携人上升往来空中，安然下降，至此已成为事实。查尔斯乃步孟特哥尔飞制一氢气气球，径27英尺有半，球顶球底各有小孔一，所以备上升时球内压力过大泄出氢气之用。球下系一舟，舟中可容三人，并具寒暑表、气压表等物。

盖球中所含系氢气，无须时刻留心，故可观察空气温度、气压及各种境象。舟内又置沙袋，欲上升，则弃沙袋于舟外，欲下降则启球顶之孔，氢气泄出而球即下降矣。查尔斯与罗齐尔于是年腊月朔日，亦往巴黎上升，计在空中为时20多分钟，横行30英里，高至9000尺云。

飞艇航行之历史①

一览世界文明进化之历史，而叹夫宗教、政治之改良，科学、实业之发达，以及一事一艺之发明，原其初焉，未有不由乎一二有志之士，殚思竭虑，大则牺牲其生命，小亦牺牲其财产、名位、光阴，以卒收有志竟成之效。即以空中航行而论，其所以能有今日之横渡大西洋而无虞远阻，直冲霄汉与天山、昆仑齐高而不患劳疲者，要亦由于少数勇于冒险之士牺牲其光阴、财产、生命之功效欤。

冒万死一生之险，首先乘气球上升者，为法人罗齐尔。而为空中航行牺牲其生命之第一人，亦厥推罗齐尔。当1785年

① 本文选自《空中航行之历史》，原文连载于《科学》1919—1920年，题目为编者所加。

法人布兰查德（Blanchard）偕美人杰弗里斯（Jeffries）乘气球渡多佛海峡（ Strait of Dover），自英国之多佛城飞行至法国之加来（Calais），越广20余海里之海峡而竟告无恙。罗齐尔者，好胜之士也，初不甘居人后。至是乃欲渡多佛海峡，自法而至英，乃特制一气球，氢气与热空气二者兼收并用。初不知氢气之极易于燃烧也，及气球上升，顷刻而后，球内之氢气即为火所燃，而气球遂兆焚如。气豪一世之罗齐尔亦同付之一炬。在地面远望，气球宛如一流星向地面直下。迨其抵地时，适在法国之海滨罗齐尔已焦头烂额，观者唯能收拾其烬余，瘗之以为后世之纪念而已。呜呼！罗齐尔已矣，而后世之受其赐者，岂浅鲜哉？

气球之发明，虽在18世纪，然其航空事业尚在幼稚时代，至19世纪，而气球之效用乃大著，于是群谋所以改良之策。以气球驾驶天空之缺点有二：（1）但能随风飘扬，不能往来自如，风东则东，风西则西。（2）气球既系球形，其在空气中前行之阻力，必较尖锥形或椭圆形为大。是以改良之策，首在于装置机器于气球之旁，能操纵而左右之，虽遇逆风仍能前进；次则在于变通气球之形式，而减少其在空中前行之阻力。兹二者改良而后，其结果即为今日之飞艇。

飞艇首见于1852年，是岁法人吉福德（Gifford）制一气球，形似猪腰，而驾驶之以汽机，能上下进退，不惮狂风之吹阻。于是吉福德之名大噪于一时，世人称之曰空中航驶之富尔顿。盖富尔顿者，乃发明陆上用汽机之第一人也。至1884年，法人雷纳（Renard）用电机驾驶一形如雪茄之气球，附以舵及螺旋推转机，能翱翔于空中，任所欲之，飞舞回绕一周，而仍能下降停止于原处。盖至是而飞艇遂成为一航空之利器矣。

19世纪气球进步之梗概，即如上述。当时虽气球之形式、结构以及驾驶之方未臻完美，而欲利用气球以探险测奇者颇不乏人。夫以科学家之眼光观之，则人类者实不啻一种不自由之囚徒耳。人类之囹圄，即地球表面之空气层是也；人类之缧绁，即直径8000英里之地球是也。吾人既不能须臾离此空气，亦无庞大之能力，足以抵抗地心吸力而使吾人翱翔于空中。自气球发明以后，吾人在地面之自由，乃稍稍活动，好奇者均欲乘气球以上冲云霄。然而离地面愈高，则空气愈稀薄，温度亦愈低，迨至6英里以上，则人类动、植物即无以生存。及至离地面百英里以上，则空气即归乌有矣。19世纪中叶，气象学尚未大明，于是乘气球上升而戕其生命者，盖亦不乏其人焉。

1804年，法国著名化学家盖吕萨克（Guy Lussac）及贝窝（Biot）二人，乘气球上升至4000英尺之高，以瓶贮上层之空气，挈下以验其密度及其成分。因二人上升不甚高，故得告无恙。1875年，克罗西（Croce-Spinelli）、西卫（Sivel）及蒂散提（Tissandier）三人，在巴黎乘气球名“冲霄”（Zenith）者而上升，达20000余英尺之高度。克罗西与西卫均因空气过稀以致呼吸不灵而毙命。蒂散提亦失其知觉， 迨后因球内氢气外泄过多，气球渐渐下降，蒂散提因得以逃生焉。

兹役以前，英国天文学家格莱须（Glaisher）亦因冒险上升过高，几遭不测。其一发千钧之现状，则尤较蒂散提为危乎殆也。1861年，格莱须与考克斯韦尔（Coxwell）在伦敦乘气球上升，考克斯韦尔司升降气球之职，欲升则弃气球中所置之沙袋于外，欲降则启气球丝囊中之小穴，氢气得之以外泄。格莱须则掌观察温度，温度之高下，记载气压之升降等职。当时伦敦观者，肩摩踵接，炮声隆然一鸣，羁球之索解而气球上升，俄顷已腾青云而直上矣。格莱须坐于丝囊上之车中，常起而观察温度、气压之升降。至气球上升达11000米左右时，格莱须方欲起立，测视旁立之气压表，而身已如木鸡，不受脑筋之指挥，欲举手观时计，而手之重如铁，欲启口告考克斯韦尔，而噤不能声。盖已受呼吸氧气不足之影响矣。时其同行之考克斯韦尔尚不知其祸之将旋踵也。有顷，考克斯韦尔亦觉身有异，逆料必为上升过高所致，于是欲举手曳绳启丝囊而使氢气外泄。孰知心有余而力不足，一举手直不啻千钧之重也。考克斯韦尔大惊，盖明知任气球之上升，则彼二人者必无幸，古人云人急智生，考克斯韦尔乃以齿啮绳而掣之，丝囊遂开，氢气渐泄，而气球乃飞降矣。呜呼，彼二人之得以逃生，亦云幸矣。

自是而后，虽空中探高者有所戒惧，而冒险上升者则仍不乏人。特欲上升过高，则多挈人造之氧气与之俱，以备至上层空气过稀处呼吸之用。至1894年，德人褒商（Berson）乃能乘气球上升至31000英尺之高，超趋了世界最高山珠穆朗玛峰之高度。[①]德人遂称褒商为“世界之最高人”。虽至现时[②]飞机、飞艇之构造，远胜19世纪末叶，而人类上升之高度，无有能超其右者。

在19世纪，气球不但用以升高，亦用以为致远之利器也。如1845年，阿班（Arban）自法国马赛乘气球越阿尔卑斯山，渡地中海而至北非洲之土灵（Turin），计程约400英里，费时仅8小时耳。气球飞行之远且速，如兹役者，在当时实为创见。且其所乘之气球，未经后人之改良，仅能随风飘扬，而其成效已若此，亦足多矣。

---

① 珠穆朗玛峰在喜马拉雅山中，高29002英尺。

② 指本文发表当时。

19世纪末叶，1897年，瑞典气象学家安特鲁（Andrée）以地球之南北极在当时尚为人迹所未至之处，思欲乘气球以为北极探险之举，大为瑞典王所嘉许，并允资助焉。国内唯一之富翁诺贝尔（Alfred Nobel），亦解囊慨捐3500余金镑。于是赶制气球，整理行装。球系我国府绸所制，凡物之含铁者概弃而不用，盖欲测定北极之所在，必以指南针，若气球载有含铁之器，则即足乱其方针也。至期，安特鲁约其二友会于斯皮茨伯根（Spitsburgen）。斯皮茨伯根者，瑞典最北之埠，然其离北极尚有亦百英里之遥也。起程之日，王公毕至，亲友咸集。迨安特鲁将入车之时，其挚爱之女友尚亲执其手，而叮嘱再三。安特鲁虽豪迈之士，无畏难之心，然亦未免儿女情长，英雄气短耳。俄而炮鸣索解，而球升矣，万众莫不举首相望，而祝之曰：诸公此行，何异登仙，发明北极之人，舍诸公其谁？当临行之初，气球载有鸽若干，以为传书之用。上升后数小时，即有三鸽前后口衔尺素而来，车中之人，均告无恙，亲友闻之，莫不额手称庆。嗣后数小时内绝无音讯，亲友始有忧惧之色。然猛引领而望曰，庶几其来乎？及时积月迁，而安特鲁等尚如黄鹤之杳然，始知其必遭不测矣。后虽北冰洋常有探险家之往来，轮舶辐辏，而莫能得安特鲁等之踪迹也。

19世纪飞艇之发展，至齐柏林（Zepplin）而达极点。齐柏林者，乃飞艇特别之一种，为德人齐柏林子爵所发明，首见于1898年。齐柏林与他种飞艇之异点有三：（1）其形迥大于他种飞艇。（2）齐柏林非为一气球，而为多数气球所合而成。（3）每一气球均置于铅制圆柱中，各圆柱首尾相接，合成一猪腰形。故齐柏林之外部，非为柔软之丝，而为坚固之铝。乘人之车，即置于圆柱之下，转运飞艇之螺旋机，则置于圆柱之两旁。

齐柏林子爵系德意志军官。当其初建议欲制伟大之飞艇也，德国舆论，莫不非笑之，以为庸人之自扰，莫甚于此。而彼独然前进，不以人言为进退也。至1900年，“齐柏林第一”乃告竣。此艇长416英尺，舟身圆径广38英尺，能蓄氢气40万立方英尺，载重9吨之多，合17气球而成。能翱翔于空中，宛如鹏鸟之飞舞也。至是，众始服子爵之卓见。子爵筑室于康斯坦茨湖（Lake Constance）旁，以贮此庞大之飞艇，一夕狂风怒发，“齐柏林第一”为风挟入湖中，受波涛之涌击。风平而后，验之，则已破裂不堪矣。子爵5万金之巨款，数年之心血，均一旦掷之虚牝，几痛欲死。幸而前德皇威廉第二，抱囊括宇宙之野心，知齐柏林之足为军用上之利器也，乃助子爵以巨款，并设厂以制巨大军用之飞艇。嗣后岁有所出，至欧战以前，飞艇之善且多，仍以德意志称最焉。

欧战以来，德人于齐柏林之制造，颇守秘密，外人无从探悉。欧战之初，德人之希望于齐柏林者颇奢，故常乘昏夜，载炸弹、火药往攻巴黎，继复渡北海而攻伦敦。曾于1917年有齐柏林一艘，往攻伦敦，及返国时，途经法境，于日中忽失火而下降，为法人所获，细审之，则知合18气球而成。故全艇分为18节，计共长650英尺，每身圆径82英尺，上部灰色，下部黑色。且舟内有机关能发烟雾，足以障蔽舟身，而使施放机关炮者，不易于命中。此艇重22吨，能载重38吨，艇内有汽机五，合共马力为1200，速率每小时60英里以至70英里。若以之为通商之用，则足以载旅客百人，货物5000磅，于40小时内能横渡大西洋云。

德国之齐柏林者，洵可为庞大矣。特近时英国所制造之坚体飞艇，其庞大更甚于齐柏林也。此等坚体飞艇之形式与齐柏林相类似。其已制就者，为R33号及R34号。艇各长670英尺，艇身圆径80英尺。能载重3000吨，内置汽机6座，合共马力1500。R33号在空中飞腾4天8小时55分钟，而不下停。其足以航渡大西洋，固无疑问，特现时英人方欲制造一种软体飞艇，以为飞行纽约、伦敦间之用，其大尤甚于R33号。要之飞艇之进步，在今日盖方兴未艾也。

沙漠的概念与沙的来源[①]

沙漠又称旱海或大漠，蒙古语为戈壁或额伦，维吾尔语为库姆，统指沙碛不毛之地。中国古书上沙漠的名称也不一致。晋代法显《佛国记》称为沙河，其中有一段描写敦煌附近的沙漠，记述如下："沙河中多有恶鬼热风，遇则皆死，无一全者。上无飞鸟，下无走兽，遍望极目，欲求度处，则莫知所拟。唯以死人枯骨为标识耳。"在唐玄奘《大唐西域记》中又称沙漠为大流沙或称沙碛，其实沙漠有石质、砾质和砂质之分。而砂质中又有流动的与固定的分别。近来习惯称石质、砾质者为戈壁，而砂质者才称为沙漠。

在生物学上因沙漠、石碛均为不毛之地，故概名为荒漠。作为植被类型之一种，以别于森林和草原。但在寒带和高山终年积雪之地亦有荒漠，严格说来，沙漠类型的荒漠，是指湿带和亚热带地区因干旱或人为原因所造成的不毛之地而言。普通以年雨量在100—250毫米以下的地区称为荒漠，250—400毫米

---

① 本文选自《改造沙漠是我们的历史任务》，见《人民日报》1959年3月2日。原文未分自然段，题目为编者所加。

的地区为半荒漠。苏联科学家伊万诺夫和布迪科等更以干旱指数，即一地区年蒸发量与雨量之比，来定干旱程度和划分植被地带。我国长江以南地区年蒸发量一般小于年降雨量，即干旱指数在1以下，是为森林地带。在华北及东北的西部一带，干旱指数为1—1.5，为森林草原地带。内蒙古的东部干旱指数为1.5—2.0，为干草原。新疆的伊宁一带干旱指数为2.0—4.0时，则称荒漠草原。如干旱指数达到4.0以上，如河西走廊、新疆准噶尔盆地、塔里木盆地一带则称为荒漠。

一般人往往以为荒漠既为不毛之地，便一定不能生长农作物。其实荒漠如能得到适当的水源，并加以人工的灌溉，反而能得到比一般土地更高的产量，原因是这种土壤在发育过程中没有受到淋溶的损失，矿物质充沛，再加上荒漠地区一般日照较长、阳光充足，所以青海的柴达木和新疆的哈密、吐鲁番是我国小麦和棉花的高产区。

荒漠中最大的祸患是风和沙。因风的吹动使沙堆积成沙丘，高度可达数米到数十米，一般作新月形。形成以后，即顺风移动，可以侵入田园、淹没森林、埋葬铁路、毁坏房屋甚至吞掉整个城市。因此沙漠中沙的形成和来源是一个很值得重视的科学问题。

在19世纪70年代，曾有过一个很流行的学说，认为现今的沙漠在古代均为大海，沙是由波浪打击岸边的岩石而形成的。此说尤以德国的李希霍芬为力。到19世纪80年代，俄国的维·阿·奥勃鲁契也夫1887—1890年在中亚细亚，即现今土库曼共和国地区的喀拉库姆（黑沙漠）中连续工作了三个夏天，证明该地区沙漠的成因主要是河流如阿姆河等的不断变迁和移动。这种说法以后又为苏联科学家和别国的科学家在中亚及非洲撒哈拉等沙漠地区所证实。但沙漠不仅可由河流的剥蚀搬运作用而形成，并且亦可由湖泊、海洋以及冰川等原因而形成。去年我们在西北考察时，曾在青海湖的东南岸、海晏县的西面看到有蔓延十余公里的沙丘。这种沙丘即因青海湖的波浪击撞了湖岸，将岩石打成沙砾，再经西北风吹上岸而逐步形成。目前还在继续蔓延和成长中。此外在新疆的艾比湖畔，更看到众多的沙丘群。但是大沙漠如撒哈拉、塔里木等的沙，则多半是河形成的。沙漠学是最近才逐步形成的一门新兴科学。

沙漠的魔鬼[①]

古代亲身到过沙漠的人，如晋僧法显、唐僧玄奘，统把沙漠说得十分可怕，使人有深刻的印象。晋法显著《佛国记》云：“沙漠有很多恶鬼和火热的风，人一遇见就要死亡。沙漠是这样荒凉，空中看不见一只飞鸟，地上看不到一只走兽。举目远看尽是沙，弄得人认不出路，只是循着从前死人死马的骨头向前走。”[②]玄奘《大唐西域记》卷十二也说：“东行入大流沙，沙被风吹，永远流动着，过去人马走踏的脚印，不久就为沙所盖，所以人多迷路……而且时时听到有歌啸或号哭声音，使人惊恐迷惑，失掉方向。因此同行的人，常有疾病死亡，这是魔鬼在作怪。”[③]沙漠真像法显和玄奘所说的那样可

---

① 本文选自《变沙漠为绿洲》，系1960年所作。见《竺可桢文集》，科学出版社1979年出版。

② 晋法显撰《佛国记》卷一。法显于晋安帝隆安三年（399）从长安出发，由玉门、敦煌经罗布泊沿孔雀河到库尔勒，又循于阗河到于阗，过葱岭入印度。至安帝义熙八年（412）由锡兰岛坐船回至山东青州。本段文字已通俗化。

③《大唐西域记》凡十二卷，唐僧玄奘口述，他的学生辩机编写。玄奘于贞观元年（627）出发，经新疆天山北路至印度留18年，于贞观十九年（645）取道新疆天山南路回到长安。

怕吗？解放以来我们的地质部、石油部、中国科学院的工作人员已经好几次横穿新疆塔克拉玛干大戈壁，如入无人之境，这是何故呢？回答这一问题，我们要为法显、玄奘设身处境，才可了解他们那时沙漠里惊心动魄、鬼怪离奇的状况。试想法显出发时，有7个和尚结队同行，但走了不久，就有的不胜其苦，开了小差，有的病死在途，最后只留他一人。唐玄奘也是单枪匹马深入大戈壁，所谓孙行者、猪八戒、沙和尚等随从人员，那是《西游记》小说中的神话。那时，既无大队骆驼带了大量清水食品跟上来，更谈不到汽车和飞机来支援，所以《佛国记》和《西域记》所说的，确是那时旅行家脑筋里想象的状况。

既然法显和玄奘是意志坚强、翔实可靠的，那么沙漠里真有魔鬼吗？回答是肯定的，同时也是否定的。肯定的是，因为在那时人们的知识水平看起来确像是有魔鬼在作怪；否定的是，人们掌握了自然规律以后，便可把这种光怪陆离的现象说清楚，一经道破，魔鬼便消灭了。光怪陆离的现象，在大戈壁夏天日中是常见的事。当人们旅行得渴不可耐的时候，忽然看见一个很大的湖，里面蓄着碧蓝的清水。看来并不很远，但当人们欢天喜地似的向湖面奔来的时候，这蔚蓝的湖却总是那么一个距离，所谓“可望而不可即”。阿拉伯人是对沙漠广有经验的民族，阿拉伯语文中称这一现象为“魔鬼的海”。这一魔鬼的法宝到了19世纪的初叶，方为法国数学家和水利工程师孟奇所戳穿。孟奇随拿破仑所领军队到埃及来和英国争夺殖民地，当时法国士兵在沙漠中见到这“魔鬼的海”极为惊奇，来请教孟奇。孟奇深深思考以后，便指出这是因为沙漠中地面被太阳晒得酷热，贴近地面一层空气温度就比上面一两米的温度高许多。这样由于光线折光和反射的影响，人们得到一个错觉，空中的乔木看来好像倒栽在地上；蔚蓝的天空，倒影在地上，便看成是汪洋万顷的湖面了。若是近地面的空气温度下面低而上层高，短距离内相差7℃—8℃，像平直的海边地区有时所遇见那样，那便可把地平线下寻常所见不到的岛屿、人物统统倒映到天空中，成为空中楼阁，又叫作海市蜃楼。中国向来形容这类现象为“光怪陆离”四个字，是确有道理的。

在沙漠里边，不但光线会作怪，声音也会作怪。唐玄奘相信这是魔鬼在迷人，直到如今，住沙漠中的人们却也还有相信这样的。但2000年以前我们劳动人民却已从实践上道破这一秘密，称会发生声音的沙地为“鸣沙”。在现宁夏回族自治区中卫县靠黄河有一个地方名叫鸣沙山，恐即在今日沙坡头地方，中国科学院和铁道部等机关在此设有一个治沙站，站的后面便是腾格里沙漠。沙漠在此处已紧逼黄河河岸，沙高约100米，沙坡面南坐北，中呈凹形，有很多泉水涌出，此沙向来是人们崇拜的对象，“每逢端阳节，男男女女便在山上聚会，然后纷纷顺着山坡翻滚下来。这时候沙子便发生轰隆的巨响，像打雷一样”。两年前我和五六个同志曾经走到这鸣沙山顶上慢慢滚下来，果然听到隆隆之声，好像远处汽车在行走似的。其实，只要沙漠面部的沙子是细沙而干燥，含有大部分石英，被太阳晒得火热后，经风的吹拂或人马的走动，沙粒移动摩擦起来便会发出声音，这便是鸣沙。古人说“见怪不怪、其怪自败”，沙漠魔鬼的一个法宝从此又被人类的集体智慧所戳穿了。

论南水北调[①]

南水北调在我国是有充分的必要性，而且也是可能的。我们首先从必要性来说。大家知道，我国是世界上径流资源非常丰富的国家，年约27000多亿立方米，在世界各国中仅次于巴西及苏联而居世界第三位。但这样多的径流资源在我国地区上的分布是很不均匀的。长江流域及其以南地区耕地面积占全国耕地总面积的33%，而径流量却占全国径流总量的70%；华北与西北占全国耕地总面积的51%，而径流量只占全国径流总量

① 本文原载于《地理知识》1959年第10卷第4期，有删节。

的7%左右。水利资源的分布如此不平衡，就严重地影响到我国广大的干旱区与半干旱区的开发。我们知道，黄河流域和内蒙古、新疆都具有丰富的地下矿藏和很大的农牧业发展潜力，如能引长江所不急需之水以补益黄河，不仅可保证黄河中游的农田灌溉，而且将使具有优越梯级开发条件的黄河干流的发电量大大增加，从而使我国北方的工业动力问题得以满足，黄河远景规划中的航运条件得以提高和改善。又如我国的内蒙古草原地带，有广大而肥沃的土地资源，煤铁矿藏都很丰富，但由于水源缺乏，目前还只能以发展畜牧业为主。如果能引水灌入内蒙古草原，则将使我国这块广大地区变为粮食基地，并使牧场单位面积的养畜量大大增加，也能满足这里工矿业和城市的用水。我国广大的西北干旱区，虽然有高山冰雪融水可以引用，但为量有限，即使能充分利用，也不能解决全部可垦荒地变为农田的用水问题。更由于水土资源的分布不平衡，许多地区缺水情况更为严重，尤其是还要考虑到治沙任务，改造广大的沙漠与戈壁滩，将更加需要大量的水源，因此引用外来径流改造沙漠，是治沙任务中的主要措施之一。

其次，南水北调虽有充分的必要性，但是否有可能性呢？过去在封建时代和半殖民地时期，要大规模地把南方的水引到北方干旱区域是不可能的。2000年以前汉朝有人曾建议汉帝从黄河河套依地势高下引水向东北经沙漠入海，终未见诸实行。从两汉到解放以前，也有不少人做南水北调的梦想，但都不可能成为事实。

从西南高原或长江上游引水北来亦有相当条件的。我们知道，我国西南地区地势高峻，是我国许多主要河流的发源地，地表径流比较丰富。从这个地区的目前需要来看，用水量都不大，相形之下径流资源是较多的。由于各河上游地势均在二三千米以上，因而提供了向北引水的可能性。从黄河水利委员会的初步踏勘资料和水利科学研究院的初步分析资料中也可以看出，这种引水的可能性是有现实意义的。引水方案不仅是一条而且有很多条路线可供我们研究选择。将来通过我们的实际考察和深入研究后，还可提出更多的方案作比较。当然，这个任务的实现不是短时间的事，这是一项极为艰巨而繁重复杂的任务。因为引水地区如川西、滇北均是山高谷深，许多工程要在人烟稀少、地高天寒、交通困难的条件下进行。加之引水路线又处在地震强度很大的地带，许多地方受着山崩滑坍、泥石流的威胁，不但工程浩大，而且维持艰难。

南水北调对我国南部地区是否会产生不利影响呢？我认为是受损不大、受益不小，江水北调后，长江流域的水力发电要受到损失，但长江上游的水减少后将会对其中下游产生良好的效果。一般的看法认为，中国南部地区降水较多，气候湿润，引水以后基本上不致影响航运和工农业的用水，并且可以减轻泛滥的威胁。至于三峡的发电量虽然受到影响，但这些水量引向北流将在引水河道的各个梯级上发电，可使电力在地区的分布上做到比较均匀，三峡水库的淹没损失也可大为减少。此外，川康山区少数民族地区，地上、地下资源丰富，对这些资源的开发也将创造良好的条件。当然，这个论点还需进一步研究。我们必须权衡利弊，定出一个既能照顾南部地区，也能解决北方干旱、半干旱地区的两利方案。

在进行南水北调工作中，也将带动我国若干科学部门的迅速发展和成长。由于这一伟大工程的兴建，将涉及许多科学技术部门，许多复杂问题的解决都会促使该学科的发展，如地震的研究，防渗的研究，高坝建筑和高水头发电，人工河道的河床变形的研究，泥石流、滑坍的防止，大爆破的应用等一系列问题。同时南水北调涉及的流域很多，许多都是我们没有作过科学考察的地区。为了作好跨流域的规划，就需要对整个有关地区的自然资源情况进行深入的调查研究，这样也就会推动整个地学部门、生物学部门以及经济科学部门向前发展。此外，南水北调这一大规模改造自然工作完成后，将由于地面水分条件的变化而引起一系列自然条件的变化，如自然景观、水分循环（特别是小循环）、气候条件（特别是小气候）等，在这些变化中又将要求我们开展改造自然实施效应的研究，以便预测将来整个地区的变化情况。因此，南水北调这一伟大任务，在科学上也有它重大的意义。

让海洋更好地为我们服务[①]

我国虽是一个大陆的国家，但是历代以来我国的劳动人民对海洋事业有过不少的贡献。在春秋战国时代的齐国已号称为“渔盐之乡”，《禹贡》“海岱唯青州……厥贡盐絺，海物唯错”，对海洋中两个最重要的资源即鱼和盐已有很大的开发。魏晋六朝以后，我国与波斯、大食在海路上的往来已很频繁。到宋朝和元朝，海洋上的交通商业更有很大的发展，那时重要的海口有广州、泉州和明州等处，连印度和阿拉伯人要航海都必须乘坐我们中国的船舶。根据历史的记载，北宋时已在航海上运用指南针，并用绳索来测量海的深度，调查海底污泥的性质。北宋宣和初年（1119）朱彧所著《萍洲可谈》一书中

① 本文系1959年1月5日在中国科学院海洋工作会议上的讲话摘要，原题《让海洋更好地为社会主义建设服务》，刊载于《科学通报》1959年第4期，有删节。

说："舟师夜则观星，昼则观日，阴晦观指南针。"航行时以钩系长绳之端，时时取海底泥，以泥质推定位置，也知道下铅锤测水深浅。这类远洋航行，获得了不少海洋知识。苏东坡诗："三时已断黄梅雨，万里初来舶棹风。"所谓舶棹风即是现在东南季风，可知当时的诗人已知道印度洋季风来往的时期了。至明朝永乐宣德年间（1405—1433）郑和奉使七次下西洋，最远到达非洲的马达加斯加岛，第一次所组织的船队即由大船48只组成，共有人员27000余名，其中最大的船长444尺，可容纳1000余人，无论从规模、设备、航程、远近来看，都为当时西洋各国所不及。从郑和的航行使我们得到不少关于当时南洋、西亚、东非一带的地理、生物知识，同时也熟悉了沿海地形和海底地形、海上风向的概况。那时我国在造船技术上亦有许多特创之处，已知把船体分段构成，如此，在航行时如船体的一部分触礁漏水，不致影响整体。这一方法到18世纪才由美国法兰克林（1706—1790）介绍到西洋航海业上。在宋、元迄明朝，我国可称为"海上的权威"，但至明朝中叶以后，执政者采取了闭关自守的政策，从此以后正如俗话所说的，人民只能"望洋兴叹"，我国的海洋事业形成了一蹶不振的局面。

我国海洋资源的蕴藏量是十分丰富的，而且岛屿多、浅海多，大部终年不冻，又是寒暖流交汇地点，这是我国海洋的优点。世界大洋约占地球面积的71%，平均深度达3680米，其中77.1%都是3000米以上的深海，而在200米以内的浅海只有7.6%。太阳光是植物的重要生活条件之一，海洋的深度超过80米以上已很少光线了，因此在浅海里的生物资源要比深海里丰富得多。我国浅海面积约占全世界浅海面积的23%，居世界第一位。加上暖、寒洋流和江河带来的丰富养料，给予渔业的发展提供了良好的条件，目前全世界海洋一年水产总量约近3000万吨，而且西方诸国只知捕捉不加保护培养，许多重要的海洋动物如大西洋中的鲸类几已绝迹。去年我国水产部提出以养殖为前提的渔业政策，是非常正确的。循此方针加以努力，我国淡水和海洋水产年产量已居世界第三。解放以前我国每年须花外汇进口海带，但不出十年，在党的领导下，经科学工作人员的努力，我国不但能自给而且有余，今年尚要争取丰产。海洋不但生产动、植物资源，而且也蕴藏了大量矿产。最近在沿海各地，例如从杭州湾经苏北沿海到渤海，都发现天然气和油苗，很有找到海底油田的可能，如开发起来，在浅海区的条件就要比深海区优越得多。世界海洋的容积约为13亿立方公里，每立方公里海水中含矿物质：食盐4000万吨，氯化镁400万吨，氯化钙和硫酸钙250万吨，硫酸钾100万吨，此外还有40多种化学元素，我国在第二个五年计划期间海盐的年产量预期能达到4000万吨，这个数字对海洋说来只要一立方公里的海水，亦就是十三亿分之一，可见海洋资源的丰富了。

航海在东方宋、元以来即甚发达，西方则自15世纪末新大陆发现后日臻兴盛，引起日后殖民主义的抬头，但海洋学作为一门科学还是比较近代的。18世纪中叶，俄国科学家罗蒙诺索夫曾提议帝俄科学院建立海洋航运研究所，未能见诸实行。到19世纪七八十年代英国汤姆生和茂雷乘旦兰求轮勘察大西洋和太平洋，俄国的马可洛夫乘勇士号轮勘察北冰洋和太平洋，统搜集不少材料，这可说是近代海洋学的萌芽。1920年以后采用声波测量海洋深度的方法发明后，大大改进了测量海深的方法，不久鱼群探测器亦随之发明。在1920年至1940年的20年间，苏联、挪威和美国建立了规模宏大的海洋研究机构，并先后派遣船只勘察海洋。巴巴宁的北冰洋远征队是为世所熟知的。在第二次世界大战期间，德国用潜水艇围攻英国，使英国不能从国外得到粮食和军用物资的补给，当时大西洋掀起了凶恶的战斗，1942年德国的潜水艇曾击沉英、美的船只625万吨之多，几使英国困居孤岛得不到外地的粮食供应、陷入瘫痪的境地。以后因英、美应用了雷达和声呐两种探测武器，才能克服德国潜艇战术。第二次世界大战以后，海洋物理学这一门科目和海洋生物学、海洋地质学、海洋化学就很快地建立起来。这昭示了海洋学不但对于经济建设能起重大作用，即在国防建设上也不可或缺。

海洋学和气象学是姊妹科学，二者的关系是非常密切的。洋流和气流一样，它的原动力是两极和热带上温度的差别，洋流又直接受风的影响。同时海水吸收太阳辐射能力远大于空气，因之接近海洋的地方冬温而夏凉，具有所谓海洋气候。如西欧各国的纬度与我国东北地区及苏联西伯利亚滨海省相仿，而远较我国东北和西伯利亚气候为温暖，此即因受墨西哥暖流的影响。但暖流所带的热量可以每年变化不同，这样就影响到沿岸的气温变化。例如1932年起至1937年，墨西哥暖流的热量每平方厘米每年增加了2000卡路里，致使西欧各国沿海地区的年平均温度增加了2.5度，而使与赤道相近的低纬度地区的年平均温度有显著的下降。印度洋的洋流与我国夏季风有密切关系，因夏季风来自印度洋，从而影响到大陆的雨量。例如今年夏季，东亚季风特别强大，连甘肃、河西走廊、新疆等极为闭塞干旱的地区亦有较多的雨量。东亚夏季风风力的强弱、时间的迟早，影响到中国、印度、日本夏天雨量的多少和农产品的收成，而这夏季风都来自海洋中，因此为了要正确地长期预测大陆的天气变化，摸清海洋的情况是必要的一个条件。

随着我国国民经济的发展，国防建设的需要，海洋工作的重要性已日益显著起来，国家科学技术委员会已把海洋的调查和开发列为重点任务，以便迅速开展对海洋的普查，有重点地开发海洋资源，综合利用海水。

国家新闻出版广电总局

首届向全国推荐中华优秀传统文化普及图书

大家小书书目

国学救亡讲演录	章太炎 著 蒙 木 编
门外文谈	鲁 迅 著
经典常谈	朱自清 著
语言与文化	罗常培 著
习坎庸言校正	罗 庸 著 杜志勇 校注
鸭池十讲（增订本）	罗 庸 著 杜志勇 编订
古代汉语常识	王 力 著
国学概论新编	谭正璧 编著
文言尺牍入门	谭正璧 著
日用交谊尺牍	谭正璧 著
敦煌学概论	姜亮夫 著
训诂简论	陆宗达 著
金石丛话	施蛰存 著
常识	周有光 著 叶 芳 编
文言津逮	张中行 著
经学常谈	屈守元 著
国学讲演录	程应镠 著
英语学习	李赋宁 著
中国字典史略	刘叶秋 著
语文修养	刘叶秋 著
笔祸史谈丛	黄 裳 著
古典目录学浅说	来新夏 著
闲谈写对联	白化文 著
汉字知识	郭锡良 著
怎样使用标点符号（增订本）	苏培成 著
汉字构型学讲座	王 宁 著

诗境浅说	俞陛云　著
唐五代词境浅说	俞陛云　著
北宋词境浅说	俞陛云　著
南宋词境浅说	俞陛云　著
人间词话新注	王国维　著　滕咸惠　校注
苏辛词说	顾　随　著　陈　均　校
诗论	朱光潜　著
唐五代两宋词史稿	郑振铎　著
唐诗杂论	闻一多　著
诗词格律概要	王　力　著
唐宋词欣赏	夏承焘　著
槐屋古诗说	俞平伯　著
词学十讲	龙榆生　著
词曲概论	龙榆生　著
唐宋词格律	龙榆生　著
楚辞讲录	姜亮夫　著
读词偶记	詹安泰　著
中国古典诗歌讲稿	浦江清　著 浦汉明　彭书麟　整理
唐人绝句启蒙	李霁野　著
唐宋词启蒙	李霁野　著
唐诗研究	胡云翼　著
风诗心赏	萧涤非　著　萧光乾　萧海川　编
人民诗人杜甫	萧涤非　著　萧光乾　萧海川　编
唐宋词概说	吴世昌　著
宋词赏析	沈祖棻　著
唐人七绝诗浅释	沈祖棻　著
道教徒的诗人李白及其痛苦	李长之　著
英美现代诗谈	王佐良　著　董伯韬　编
闲坐说诗经	金性尧　著
陶渊明批评	萧望卿　著

古典诗文述略	吴小如　著
诗的魅力 ——郑敏谈外国诗歌	郑　敏　著
新诗与传统	郑　敏　著
一诗一世界	邵燕祥　著
舒芜说诗	舒　芜　著
名篇词例选说	叶嘉莹　著
汉魏六朝诗简说	王运熙　著　董伯韬　编
唐诗纵横谈	周勋初　著
楚辞讲座	汤炳正　著 汤序波　汤文瑞　整理
好诗不厌百回读	袁行霈　著
山水有清音 ——古代山水田园诗鉴要	葛晓音　著
红楼梦考证	胡　适　著
《水浒传》考证	胡　适　著
《水浒传》与中国社会	萨孟武　著
《西游记》与中国古代政治	萨孟武　著
《红楼梦》与中国旧家庭	萨孟武　著
《金瓶梅》人物	孟　超　著　张光宇　绘
水泊梁山英雄谱	孟　超　著　张光宇　绘
水浒五论	聂绀弩　著
《三国演义》试论	董每戡　著
《红楼梦》的艺术生命	吴组缃　著　刘勇强　编
《红楼梦》探源	吴世昌　著
《西游记》漫话	林　庚　著
史诗《红楼梦》	何其芳　著 王叔晖　图　蒙　木　编
细说红楼	周绍良　著
红楼小讲	周汝昌　著　周伦玲　整理

曹雪芹的故事	周汝昌　著　周伦玲　整理
古典小说漫稿	吴小如　著
三生石上旧精魂 ——中国古代小说与宗教	白化文　著
《金瓶梅》十二讲	宁宗一　著
中国古典小说十五讲	宁宗一　著
古体小说论要	程毅中　著
近体小说论要	程毅中　著
《聊斋志异》面面观	马振方　著
《儒林外史》简说	何满子　著
我的杂学	周作人　著　张丽华　编
写作常谈	叶圣陶　著
中国骈文概论	瞿兑之　著
谈修养	朱光潜　著
给青年的十二封信	朱光潜　著
论雅俗共赏	朱自清　著
文学概论讲义	老　舍　著
中国文学史导论	罗　庸　著　杜志勇　辑校
给少男少女	李霁野　著
古典文学略述	王季思　著　王兆凯　编
古典戏曲略说	王季思　著　王兆凯　编
鲁迅批判	李长之　著
唐代进士行卷与文学	程千帆　著
说八股	启　功　张中行　金克木　著
译余偶拾	杨宪益　著
文学漫识	杨宪益　著
三国谈心录	金性尧　著
夜阑话韩柳	金性尧　著
漫谈西方文学	李赋宁　著
历代笔记概述	刘叶秋　著

周作人概观	舒　芜　著
古代文学入门	王运熙　著　董伯韬　编
有琴一张	资中筠　著
中国文化与世界文化	乐黛云　著
新文学小讲	严家炎　著
回归，还是出发	高尔泰　著
文学的阅读	洪子诚　著
中国文学1949—1989	洪子诚　著
鲁迅作品细读	钱理群　著
中国戏曲	么书仪　著
元曲十题	么书仪　著
唐宋八大家 ——古代散文的典范	葛晓音　选译
辛亥革命亲历记	吴玉章　著
中国历史讲话	熊十力　著
中国史学入门	顾颉刚　著　何启君　整理
秦汉的方士与儒生	顾颉刚　著
三国史话	吕思勉　著
史学要论	李大钊　著
中国近代史	蒋廷黻　著
民族与古代中国史	傅斯年　著
五谷史话	万国鼎　著　徐定懿　编
民族文话	郑振铎　著
史料与史学	翦伯赞　著
秦汉史九讲	翦伯赞　著
唐代社会概略	黄现璠　著
清史简述	郑天挺　著
两汉社会生活概述	谢国桢　著
中国文化与中国的兵	雷海宗　著
元史讲座	韩儒林　著

魏晋南北朝史稿　　贺昌群　著
汉唐精神　　贺昌群　著
海上丝路与文化交流　　常任侠　著
中国史纲　　张荫麟　著
两宋史纲　　张荫麟　著
北宋政治改革家王安石　　邓广铭　著
从紫禁城到故宫
　　——营建、艺术、史事　　单士元　著
春秋史　　童书业　著
明史简述　　吴　晗　著
朱元璋传　　吴　晗　著
明朝开国史　　吴　晗　著
旧史新谈　　吴　晗　著　习　之　编
史学遗产六讲　　白寿彝　著
先秦思想讲话　　杨向奎　著
司马迁之人格与风格　　李长之　著
历史人物　　郭沫若　著
屈原研究（增订本）　　郭沫若　著
考古寻根记　　苏秉琦　著
舆地勾稽六十年　　谭其骧　著
魏晋南北朝隋唐史　　唐长孺　著
秦汉史略　　何兹全　著
魏晋南北朝史略　　何兹全　著
司马迁　　季镇淮　著
唐王朝的崛起与兴盛　　汪　篯　著
南北朝史话　　程应镠　著
二千年间　　胡　绳　著
论三国人物　　方诗铭　著
辽代史话　　陈　述　著
考古发现与中西文化交流　　宿　白　著
清史三百年　　戴　逸　著

清史寻踪	戴　逸　著
走出中国近代史	章开沅　著
中国古代政治文明讲略	张传玺　著
艺术、神话与祭祀	张光直　著 刘　静　乌鲁木加甫　译
中国古代衣食住行	许嘉璐　著
辽夏金元小史	邱树森　著
中国古代史学十讲	瞿林东　著
宾虹论画	黄宾虹　著
中国绘画史	陈师曾　著
和青年朋友谈书法	沈尹默　著
中国画法研究	吕凤子　著
桥梁史话	茅以升　著
中国戏剧史讲座	周贻白　著
中国戏剧简史	董每戡　著
西洋戏剧简史	董每戡　著
俞平伯说昆曲	俞平伯　著　陈　均　编
新建筑与流派	童　寯　著
论园	童　寯　著
拙匠随笔	梁思成　著　林　洙　编
中国建筑艺术	梁思成　著　林　洙　编
沈从文讲文物	沈从文　著　王　风　编
中国画的艺术	徐悲鸿　著　马小起　编
中国绘画史纲	傅抱石　著
龙坡谈艺	台静农　著
中国舞蹈史话	常任侠　著
中国美术史谈	常任侠　著
说书与戏曲	金受申　著
世界美术名作二十讲	傅　雷　著
中国画论体系及其批评	李长之　著

金石书画漫谈	启　功　著　赵仁珪　编
吞山怀谷 ——中国山水园林艺术	汪菊渊　著
故宫探微	朱家溍　著
中国古代音乐与舞蹈	阴法鲁　著　刘玉才　编
梓翁说园	陈从周　著
旧戏新谈	黄　裳　著
民间年画十讲	王树村　著　姜彦文　编
民间美术与民俗	王树村　著　姜彦文　编
长城史话	罗哲文　著
天工人巧 ——中国古园林六讲	罗哲文　著
现代建筑奠基人	罗小未　著
世界桥梁趣谈	唐寰澄　著
如何欣赏一座桥	唐寰澄　著
桥梁的故事	唐寰澄　著
园林的意境	周维权　著
万方安和 ——皇家园林的故事	周维权　著
乡土漫谈	陈志华　著
现代建筑的故事	吴焕加　著
中国古代建筑概说	傅熹年　著
简易哲学纲要	蔡元培　著
大学教育	蔡元培　著 北大元培学院　编
老子、孔子、墨子及其学派	梁启超　著
春秋战国思想史话	嵇文甫　著
晚明思想史论	嵇文甫　著
新人生论	冯友兰　著
中国哲学与未来世界哲学	冯友兰　著

谈美	朱光潜　著
谈美书简	朱光潜　著
中国古代心理学思想	潘　菽　著
新人生观	罗家伦　著
佛教基本知识	周叔迦　著
儒学述要	罗　庸　著　杜志勇　辑校
老子其人其书及其学派	詹剑峰　著
周易简要	李镜池　著　李铭建　编
希腊漫话	罗念生　著
佛教常识答问	赵朴初　著
维也纳学派哲学	洪　谦　著
大一统与儒家思想	杨向奎　著
孔子的故事	李长之　著
西洋哲学史	李长之　著
哲学讲话	艾思奇　著
中国文化六讲	何兹全　著
墨子与墨家	任继愈　著
中华慧命续千年	萧萐父　著
儒学十讲	汤一介　著
汉化佛教与佛寺	白化文　著
传统文化六讲	金开诚　著　金舒年　徐令缘　编
美是自由的象征	高尔泰　著
艺术的觉醒	高尔泰　著
中华文化片论	冯天瑜　著
儒者的智慧	郭齐勇　著
中国政治思想史	吕思勉　著
市政制度	张慰慈　著
政治学大纲	张慰慈　著
民俗与迷信	江绍原　著　陈泳超　整理
政治的学问	钱端升　著　钱元强　编

从古典经济学派到马克思	陈岱孙　著
乡土中国	费孝通　著
社会调查自白	费孝通　著
怎样做好律师	张思之　著　孙国栋　编
中西之交	陈乐民　著
律师与法治	江　平　著　孙国栋　编
经济学常识	吴敬琏　著　马国川　编
中国化学史稿	张子高　编著
中国机械工程发明史	刘仙洲　著
天道与人文	竺可桢　著　施爱东　编
中国医学史略	范行准　著
优选法与统筹法平话	华罗庚　著
数学知识竞赛五讲	华罗庚　著
中国历史上的科学发明（插图本）	钱伟长　著

出版说明

“大家小书”多是一代大家的经典著作，在还属于手抄的著述年代里，每个字都是经过作者精琢细磨之后所拣选的。为尊重作者写作习惯和遣词风格、尊重语言文字自身发展流变的规律，为读者提供一个可靠的版本，“大家小书”对于已经经典化的作品不进行现代汉语的规范化处理。

提请读者特别注意。

北京出版社